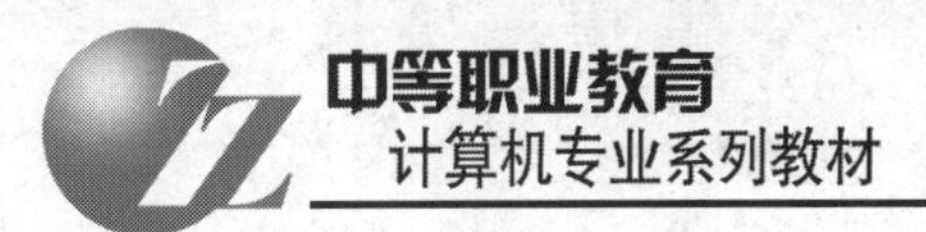

常用工具软件应用

总主编　张小毅
主　编　刘国纪
编　者（以姓氏笔画为序）
刘国纪　袁　静　张晓华

重庆大学出版社

内容提要

本教材是一本介绍各种常用工具软件的计算机教学用书，为计算机学习者和爱好者提供较全面的工具软件应用资料和使用技巧。全书共分7个模块，重点介绍常用的压缩\解压、音视频播放、音视频制作、图像浏览、光盘刻录、虚拟光驱、系统优化等工具软件的使用。

本教材覆盖面广，知识量大，对工具软件的讲解仅选择常用的功能，对中职计算机专业常用工具软件的教学起着抛砖引玉的作用。

图书在版编目(CIP)数据

常用工具软件应用/刘国纪主编.—重庆:重庆大学出版社,2013.7(2020.8重印)
中等职业教育计算机专业系列教材
ISBN 978-7-5624-7478-4

Ⅰ.①常… Ⅱ.①刘… Ⅲ.①软件工具—中等专业学校—教材 Ⅳ.①TP311.56

中国版本图书馆CIP数据核字(2013)第130593号

中等职业教育计算机专业系列教材
常用工具软件应用
张小毅 总主编
刘国纪 主 编
策划编辑:王 勇 王海琼
责任编辑:王海琼 版式设计:王海琼
责任校对:谢 芳 责任印制:赵 晟
*
重庆大学出版社出版发行
出版人:饶帮华
社址:重庆市沙坪坝区大学城西路21号
邮编:401331
电话:(023)88617190 88617185(中小学)
传真:(023)88617186 88617166
网址:http://www.cqup.com.cn
邮箱:fxk@cqup.com.cn(营销中心)
全国新华书店经销
POD:重庆新生代彩印技术有限公司
*
开本:787mm×1092mm 1/16 印张:11 字数:275千
2013年7月第1版 2020年8月第5次印刷
印数:6 001—7 000
ISBN 978-7-5624-7478-4 定价:29.00元

本书如有印刷、装订等质量问题,本社负责调换
版权所有,请勿擅自翻印和用本书
制作各类出版物及配套用书,违者必究

序言

进入21世纪,随着计算机科学技术的普及和发展加快,社会各行业的建设和发展对计算机技术的要求越来越高,计算机已成为各行各业不可缺少的基本工具之一。在今天,计算机技术的使用和发展,对计算机技术人才的培养提出了更高的要求,培养能够适应现代化建设需求的、能掌握计算机技术的高素质技能型人才,已成为职业教育人才培养的重要内容。

按照“以就业为导向”的办学方向,根据国家教育部中等职业教育人才培养的目标要求,结合社会行业对计算机技术操作型人才的需要,我们在调查、总结前些年计算机应用型专业人才培养的基础上,重新对计算机专业的课程设置进行了调整,进一步突出专业教学内容的针对性和实效性,重视对学生计算机基础知识的教学和对计算机技术操作能力的培养,使培养出来的人才能真正满足社会行业的需要。为进一步提高教学的质量,我们专门组织了有丰富教学经验的教师和有实践经验的行业专家,重新编写了这套中等职业学校计算机专业教材。

本套教材编写采用了新的教育思想、教学观念,遵循的编写原则是:“拓宽基础、突出实用、注重发展。”为满足学生对计算机技术学习的需求,力求使教材突出以下几个主要特点:一是按专业基础课、专业特征课和岗位能力课三个层面设置课程体系,即:设置所有计算机专业共用的几门专业基础课,按不同专业方向开设专业特征课,同时根据专业就业所要从事的某项具体工作开设相关的岗位能力课;二是体现以学生为本,针对目前职业学校学生学习的实际情况,按照学生对专业知识和技能学习的要求,教材在编写中注意了语言表述的通俗性,以任务驱动的方式组织教材内容,以服务学生为宗旨,突出学生对知识和技能学习的主体性;三是强调教材的互动性,根据学生对知识接受的过程特点,重视对学生探究能力的培养,教材编写采用了以活动为主线的方式进行,把学与教有机结合,增加学生的学习兴趣,让学生在教师的帮助下,通过对活动的学习而掌握计算机技术的知识和操作的能力;四是重视教材的“精、用、新”,根据各行各业对计算机技术使用的需要,在教材内容的选择上,做到“精选、实用、新颖”,特别注意反映计算机的新知识、新技术、新水平、新趋势的发展,使所学的计算机知识和技能与行业需要相结合;五是编写的体例和栏目设置新颖,易受到中职学生的喜爱。这套教材实用性和操作性较强,能满足中等职业学校计算机专业人才培养目标的要求,也能满足学生对计算机专业技术学习的不同需要。

为了便于组织教学,与教材配套有相关教学资源材料供大家参考和使用。希望重新推出的这套教材能受到广大师生喜欢,为职业学校计算机专业的发展作出贡献。

中等职业学校计算机专业教材编写组

2008年7月

前 言

当今社会已步入信息时代，日常的工作和生活都离不开计算机。在未来社会中，物联网和云计算的兴起，信息化程度将更高。网络的发展给我们提供了更多的软件信息，很多工具软件的功能是操作系统中不具备的，或者说是对操作系统一个很好的补充。很多中职学校都开设了常用工具软件这门课程，由于缺乏合适的教材，上课内容由任课教师把握，随意性较大，往往达不到该课程的预期效果。为解决中职师生的用书困难，我们精心组织并编写了这本教材。

本教材在编写过程中注重教学与实践相结合，突出对学生能力的培养，兼顾与其他中职教材的互补性，有代表性地选择了与读者学习、工作相关的常用工具软件，具体内容如下：

模块一：主要介绍如何使用工具软件对文件或文件夹进行压缩和解压，包括 WinRAR 和 7-Zip。

模块二：主要介绍常用音频、视频播放工具的使用方法。

模块三：主要介绍常用音频、视频制作工具，介绍使用这些工具对音频和视频进行编辑和格式转换。

模块四：主要介绍如何使用工具软件进行图片浏览、截图和屏幕录制。

模块五：主要介绍使用工具软件进行计算机病毒防治和文件加密。

模块六：主要介绍虚拟光驱和光盘刻录软件的使用。

模块七：介绍系统测试和维护软件的使用。

本教材按照工具软件的功能进行分类，按模块、任务化的结构组织内容，一类软件为一个模块。考虑与“中等职业教育计算机专业系列教材”中《计算机基础》《计算机网络基础》《计算机组装与维护》内容的交叉关系，其他教材已讲述的工具软件，本教材不再描述。

本教材在编写风格上力求文字精练、图文并茂，在教材中还安排了一些特色的段落，以帮助读者学习、思考及练习等，包括以下内容：

【想一想】 给出一些有启发意义的问题，让读者举一反三。

【友情提示】 提示读者能参考的模块以及相关的更多详细信息。

【做一做】 让读者实现做中学。

【知识链接】 提供更多相关的阅读材料，拓宽知识面。

本教材还约定：

- 本教材用到的菜单命令采用：“文件”→“打开”形式引用，命令按钮均加引号。
- 操作步骤用①②③…数字序号来表示。
- 在没有说明的情况下，单击、双击和拖动均指用鼠标左键；右击指用鼠标右键单击。

• 为方便读者使用,本教材引用的音频、视频和图片素材可在重庆大学出版社的资源网站(www. cqup. com. cn,用户名和密码:cqup)下载。

本教材由刘国纪担任主编,袁静、张晓华参加编写。限于编者水平,本书难免有不足之处,诚恳期待读者的批评指正和建议,以便再版时参考,使本书日臻完善。

编　者

2012 年 11 月

目 录

压缩和解压工具

模块综述

当人们在共享各种计算机文件时,可能会由于文件过大不便于携带而苦恼。使用压缩软件对文件进行压缩是一个很好的选择,它们可以最大限度地将文件所占的空间缩小,为计算机信息的交流提供有力帮助。

本模块主要介绍如何使用专用的压缩工具对文件或文件夹进行压缩和解压,包括 WinRAR 和 7-Zip。压缩文件可以节省文件占用的空间,而且便于网络快速传输。

通过本模块的学习,将达到以下目标:

◆会使用 WinRAR 进行压缩和解压;
◆会使用 7-Zip 进行压缩和解压;
◆会进行分卷压缩。

任务一　压缩软件——WinRAR

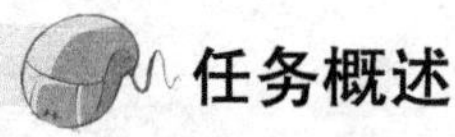

任务概述

WinRAR 是目前比较流行的压缩工具,可以解压 CAB,ARJ,ISO,RAR 等多类型的压缩格式文件。它具有估计压缩比、压缩率比较高、占用资源相对较少等优点。它的固定压缩、多媒体压缩和多卷自释放功能是很多压缩工具所不具备的。

1. 压缩和解压文件

(1)压缩文件

要执行文件的压缩和解压操作时,不需要打开 WinRAR 程序的主界面,可以在"我的电脑"或"资源管理器"窗口中直接对目标文件进行操作。操作步骤如下:

①右击要压缩的文件,在弹出的快捷菜单中选择"添加到压缩文件"命令,弹出"压缩文件名和参数"对话框,如图 1-1 所示。

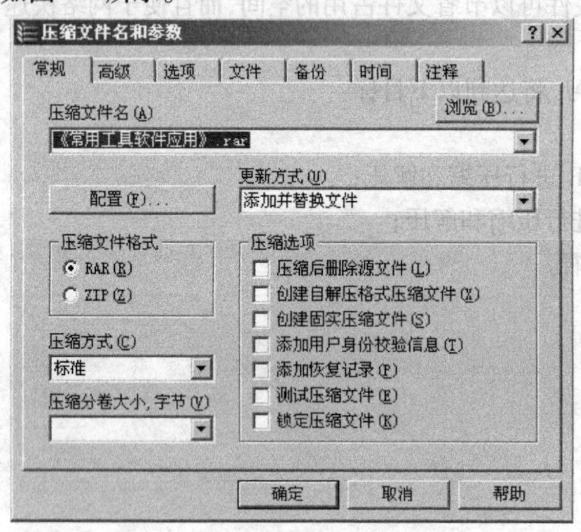

图 1-1

②在"压缩文件名"下拉列表框中输入文件名称,默认与源文件主名相同,扩展名为.RAR。

③在"压缩文件格式"选项组中选择压缩文件的格式,这里提供最为常见的 RAR 和 ZIP 两种格式。对于一般的用户来讲,两种格式都可以。

④在"压缩方式"下拉列表框中选择压缩方式。默认为"标准"。

⑤在"压缩选项"选项组中根据需要选择相应的选项。如希望在压缩后删除原来的文件,可勾选"压缩后删除源文件"复选框。

⑥单击“确定”按钮，开始进行压缩。根据文件的大小，可能需要不同的压缩时间。压缩结束后，会在源文件的同一目录下新产生一个压缩文件。

【做一做】

(1)压缩一文件后，比较源文件和目标文件的大小，试计算压缩比例。

(2)压缩多个文件或文件夹。

(3)观察图 1-1 思考：若将压缩产生的压缩文件存放到指定的位置，应如何操作？

(2)文件的解压

不论是压缩的文件还是文件夹，要使用其中的内容，都必须先进行解压。解压的操作步骤如下：

①右击要解压的文件，在弹出的快捷菜单中选择“解压文件”命令，弹出“解压路径和选项”对话框，如图 1-2 所示。

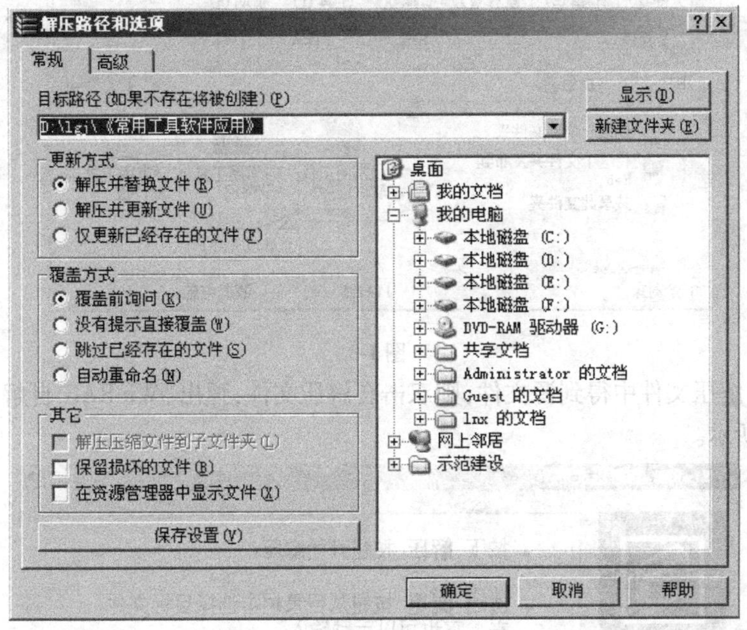

图 1-2

②在对话框中指定解压文件所要保存的目标位置，这样就可以将解压后的文件放到其他指定的位置；若不指定，则与源文件存放到同一目录。

③在“更新方式”选项组中选择解压更新方式。

④在“覆盖方式”选项组中设置解压时如何处理同名文件覆盖问题。

⑤设置完毕后，单击“确定”按钮即可开始解压。

⑥对于压缩的文件夹，可同样操作处理，解压出原来的文件夹。

【做一做】

试解压一个由文件夹压缩成的压缩文件，观察存放的默认文件夹。

2. 制作自解压文件

虽然压缩文件便于管理和网上传输,但如果计算机中没有安装 WinRAR 软件就无法打开。如果要避免这个问题,可在压缩时创建自解压文件,这样即使没有安装 WinRAR 软件,也可以将自解压文件直接解压。创建自解压文件的操作步骤如下:

①右击要压缩的文件,在弹出的菜单中选择"添加到压缩文件"命令,弹出"压缩文件名和参数"对话框,如图 1-1 所示。

②在"压缩选项"组中勾选"创建自解压格式压缩文件"复选框,此时压缩文件的扩展名为. exe,默认压缩文件的主名与源文件相同。

③其他参数保持不变,单击"确定"按钮。自解压文件的图标与普通 RAR 格式压缩文件的图标不同,如图 1-3 所示。

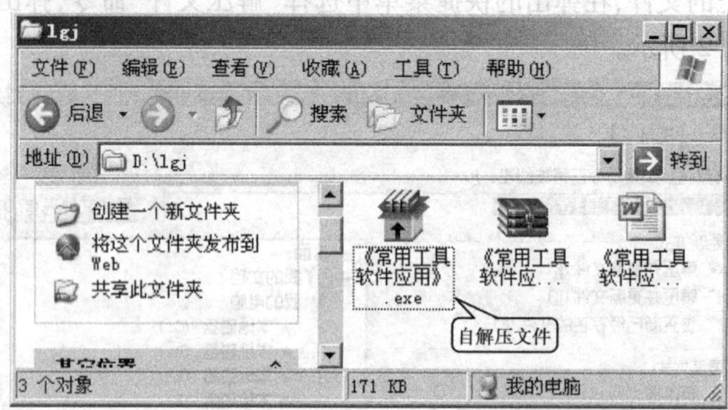

图 1-3

④要从自解压文件中得到源文件,则双击自解压文件,弹出"WinRAR 自解压文件"对话框,如图 1-4 所示。

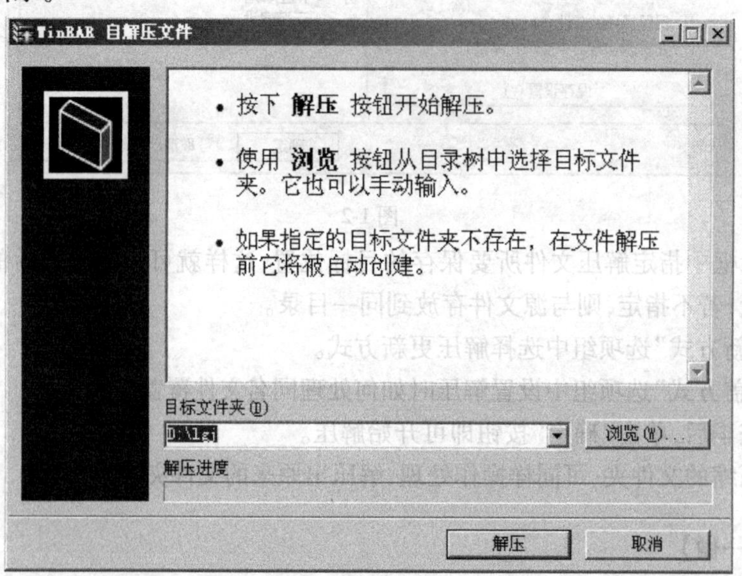

图 1-4

⑤如果需要,可在“目标文件夹”下拉列表框中指定解压文件保存的位置,也可以单击“浏览”按钮指定存放路径,然后单击“解压”按钮执行自解压操作。

3. 制作分卷压缩文件

分卷压缩文件可以将指定的文件或文件夹按照指定的文件大小压缩成一系列压缩文件,这个功能对于通过邮件传送文件显得尤其重要。因为通过网络传输一个大文件很费时,而且遇到意外情况可能导致掉线。另外,通过邮件的附件功能传送文件时,附件的大小也会受到一定限制,需要将文件分卷压缩成一系列小文件进行发送。制作分卷压缩文件的操作步骤如下:

①右击要进行分卷压缩的文件或文件夹,在弹出的快捷菜单中选择“添加到压缩文件”命令,弹出“压缩文件名和参数”对话框。

②在“压缩分卷大小,字节”下拉列表框中选择分卷压缩大小,其中包括固定分卷大小的选项,分别针对不同的存储设备,如CD光盘、DVD光盘,如图1-5所示。

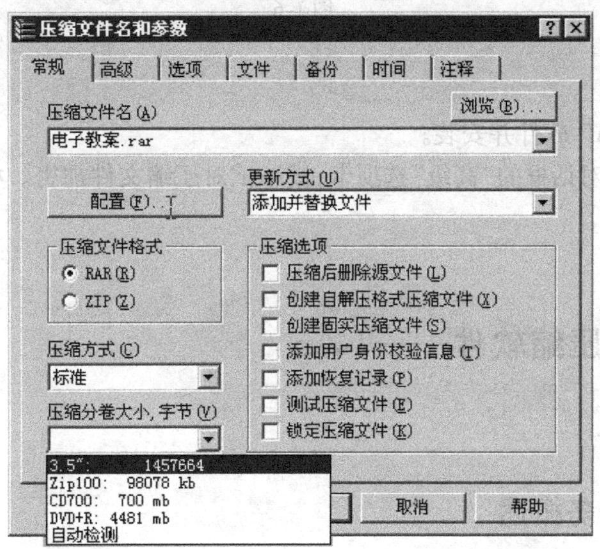

图1-5

如果以保存在优盘等移动存储设备为目的的分卷压缩,可以从下拉列表中选择“自动检测”选项,WinRAR将会自动进行检测并指定分卷大小。

如果有特殊应用的要求,如电子邮件限制附件大小最大为10 MB,那么,邮件中传输大文件就应以10 MB为分卷大小进行压缩。此时,可直接输入10 MB,自定义分卷大小。

③设置完毕后,单击“确定”按钮开始分卷压缩。根据源文件的大小以及压缩比,将产生数量不等的分卷压缩文件。文件的主名由两部分构成,第一部分与源文件相同,第二部分分别part01,part02等,如图1-6所示。从结果可知,分卷压缩得到的文件只有主名的第二部分不相同,扩展名仍为.rar,一般最后一个分卷压缩文件比前面的都要小。

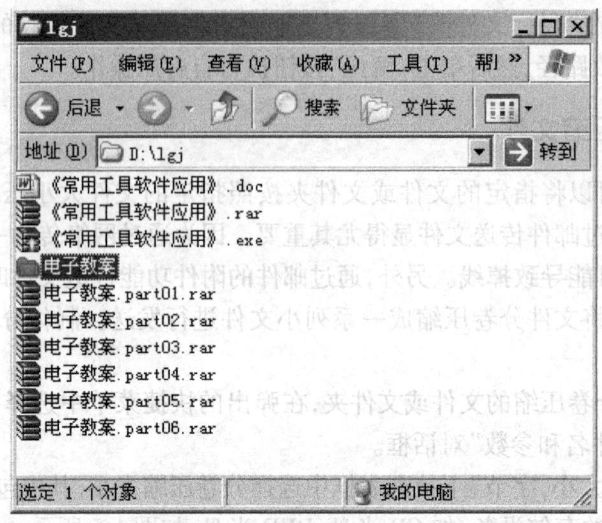

图 1-6

练习与思考

(1)下载 WinRAR 软件并安装。

(2)观看图 1-5 对话框的“高级”选项卡,试一试对压缩文件加密。如果密码遗失,还能取出加密的文件吗?

任务二　压缩软件——7-Zip

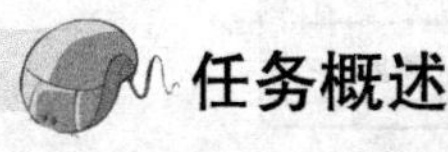

任务概述

7-Zip 是一款具有最高压缩比的压缩软件,它不仅支持独有的 7Z 文件格式,还支持其他压缩文件格式,包括 ZIP,RAR,GZIP,BZIP2,TAR 和 CAB 等。此软件的压缩比要比普通的 ZIP 文件高 30% ~50% ,因此,它可以把 ZIP 格式的文件再压缩 2% ~10% 。

1. 使用 7-Zip 压缩文件

运行 7-Zip 软件,如图 1-7 所示,具体操作步骤如下:

①选择需要压缩的文件或文件夹,如图 1-8 所示。

②在工具栏中单击“添加”按钮,在弹出的“添加到压缩档案”对话框中进行压缩设置,如图 1-9 所示。

③采用默认参数设置,单击“确定”按钮。

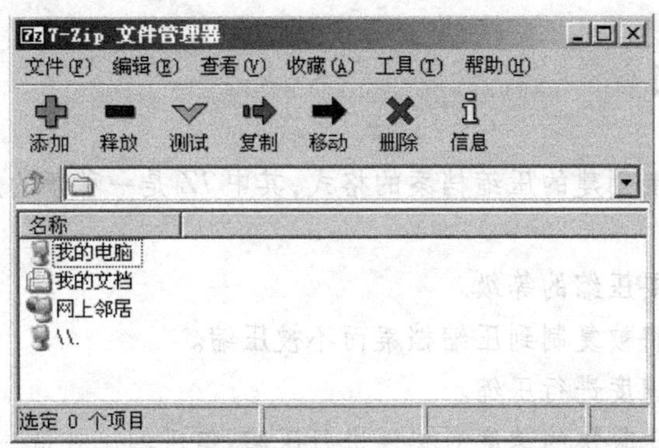

图 1-7

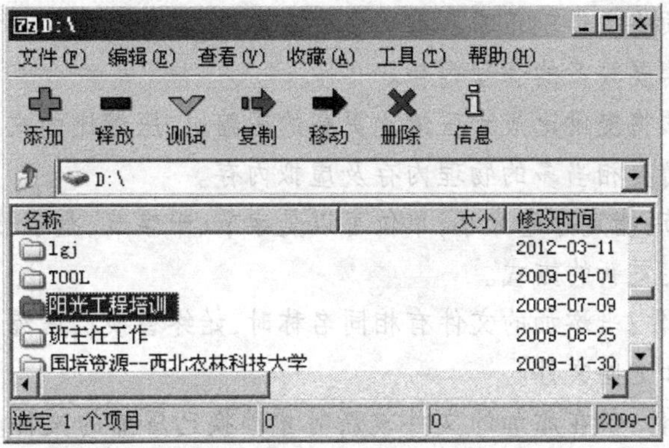

图 1-8

添加到压缩档案

压缩档案(A)：阳光工程培训.zip

压缩格式(F)：zip
压缩等级(L)：标准压缩
压缩方法(M)：Deflate
字典大小(D)：32 KB
单词大小(W)：32
固实数据大小：
CPU 线程数：2 /2
压缩所需内存：67 MB
解压缩所需内存：2 MB
分卷大小，字节(V)：

更新方式(U)：添加并替换文件
选项
创建自释放档案(X)
压缩共享文件
加密
输入密码：
重新输入：
显示密码(S)
加密算法：ZipCrypto

参数(P)：

确定 取消 帮助(C)

图 1-9

【知识链接】

●压缩格式:指定要创建的压缩档案的格式,其中7Z是一种新的压缩格式,它拥有目前最高的压缩比。

●压缩等级:指定要压缩的等级。

●存储压缩:文件将被复制到压缩档案而不被压缩。

●最快压缩:最快速度进行压缩。

●快速压缩:使用比较快的速度对文件进行压缩,但压缩比较低。

●标准压缩:使用较为均衡的设定进行压缩。

●最大压缩:此项将提供比正常压缩更多的压缩比,压缩后的文件会更小。但在压缩和解压时比较慢,而且需要较多的物理内存。

●极限压缩:此项将提供比最大压缩比更高的压缩比,压缩比的文件最小。但在压缩和解压时会很慢,而且需要相当多的物理内存及虚拟内存。

●分卷大小,字节:指定分卷大小,单位可以是字节、千字节、兆字节。

●更新方式:指定更新的方式。

●添加并替换文件:当添加的文件有相同名称时,始终替换已压缩的文件。在压缩档案中不存在时,总是添加这些文件。

●添加并更新文件:仅在添加的文件较新时才替换已压缩的文件。在压缩档案中不存在时,总是添加这些文件。

●只刷新现有文件:仅在添加的文件较新时才替换已压缩的文件。在压缩档案中不存在时,不添加这些文件。

●同步压缩档案内容:仅在添加的文件较新时才替换已压缩文件。在压缩档案中不存在时,总是添加这些文件。在添加的文件不存在压缩文件时,删除这些文件。这类似创建一个新压缩文件,但并不相同:如果上次备份后,没有文件被修改过,这项操作会比创建新压缩档案快一些。

2. 使用7-Zip解压文件

使用7-Zip解压文件的操作步骤如下:

①选择需要解压的文件,在工具栏中单击“释放”按钮,弹出“释放”对话框,如图1-10所示。

图1-10

【知识链接】

● 释放到:在这里可以自定义释放后的输出文件夹名称。可以单击“浏览”按钮,打开本地磁盘,选择输出文件夹的具体路径。

● 路径方式:指定释放的路径方式。

● 覆盖方式:指定硬盘上现有文件的覆盖方式。

【做一做】

观察“释放”对话框,“路径方式”和“覆盖方式”分别有哪些?

②单击“释放”按钮释放文件。

练习与思考

用7-Zip压缩产生一个Zip压缩文件,比较原文件和目标文件的大小。

音频、视频播放工具

模块综述

随着多媒体计算机技术的不断发展,计算机在音乐、影像应用等方面发挥着越来越大的作用,音乐、影像处理软件成为日常生活中重要的计算机工具。常用的音频、视频播放工具很多,使用方法都大同小异。

通过本模块的学习,将达到以下目标:

◆会使用暴风影音播放视频;
◆会使用千千静听播放音频;
◆会在线播放音频、视频。

任务一　音频播放软件——千千静听

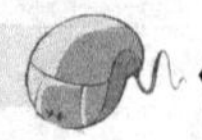

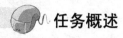

任务概述

千千静听是一款完全免费的音乐播放软件,集播放、音效、转换、歌词等众多功能于一体。因其小巧精致、操作简捷、功能强大的特点而深得用户喜爱,并且成为目前国内最受欢迎的音乐播放软件之一。

1. 添加播放曲目

利用千千静听软件添加播放曲目的操作步骤如下:

①运行千千静听,如图 2-1 所示。

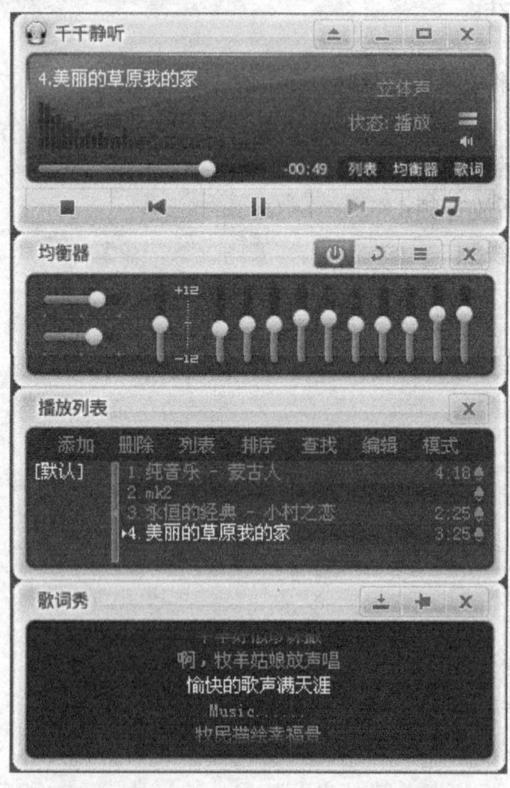

图 2-1

②在"播放列表"窗格中选择"添加"→"文件"命令,如图 2-2 所示。

③在弹出的"打开"对话框中选择要打开的文件,如图 2-3 所示。添加文件后的播放列表如图 2-4 所示。

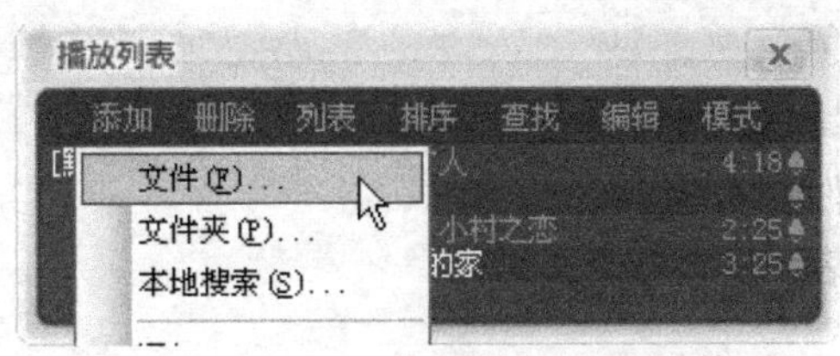

图 2-2

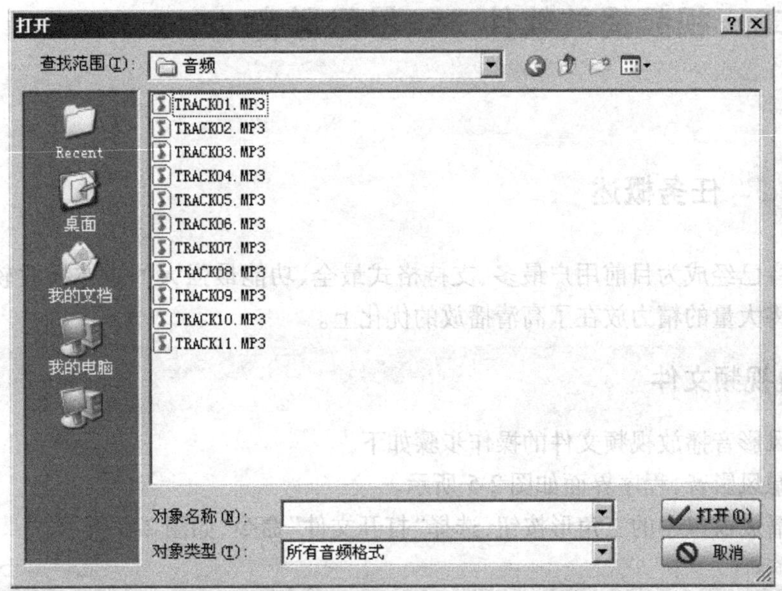

图 2-3

图 2-4

友情提示

有时,千千静听的窗口会被放到屏幕显示之外,解决的方法是:右击系统托盘中的千千静听图标,在弹出的快捷菜单中选择"查看"→"重新排列"命令。

2. 选择播放曲目

双击需要播放的曲目,该曲目将自动作为第一首曲目,顺序播放。如果要播放某首曲目,双击即可。

练习与思考

(1)下载千千静听软件并安装。

(2)如何清除播放列表?

任务二　视频播放软件——暴风影音

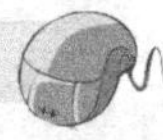

任务概述

暴风影音已经成为目前用户最多、支持格式最全、功能最强大的媒体播放软件。现在,暴风影音又将大量的精力放在了高清播放的优化上。

1. 播放视频文件

使用暴风影音播放视频文件的操作步骤如下:

①启动暴风影音,程序界面如图 2-5 所示。

②单击播放窗口中的三角形按钮,选择“打开文件”命令,如图 2-6 所示。

图 2-5

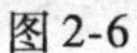

图 2-6

友情提示

打开文件的其他方法。

- 在窗口右上角单击“主菜单”按钮，选择“打开文件”命令。
- 在窗口右下角单击“打开文件”按钮。
- 使用快捷键“Ctrl + O”也可打开文件。

③在弹出的“打开”对话框中选择需要播放的视频文件，如图 2-7 所示，单击“打开”按钮。

④播放视频文件，如图 2-8 所示。

2. 使用播放列表

使用暴风影音播放和管理播放列表的操作步骤如下：

①在暴风影音播放软件的右下角单击“播放列表”按钮，如图 2-9 所示，打开播放列表。

②在列表的下方单击“打开文件”按钮，在弹出的“打开”对话框中选择需要播放的文件，如图 2-10 所示，单击“打开”按钮。添加到播放列表中的文件如图 2-11 所示。

③单击“添加到播放列表”按钮，在弹出的对话框中选择需要添加到列表中的文件，如图 2-12 所示。

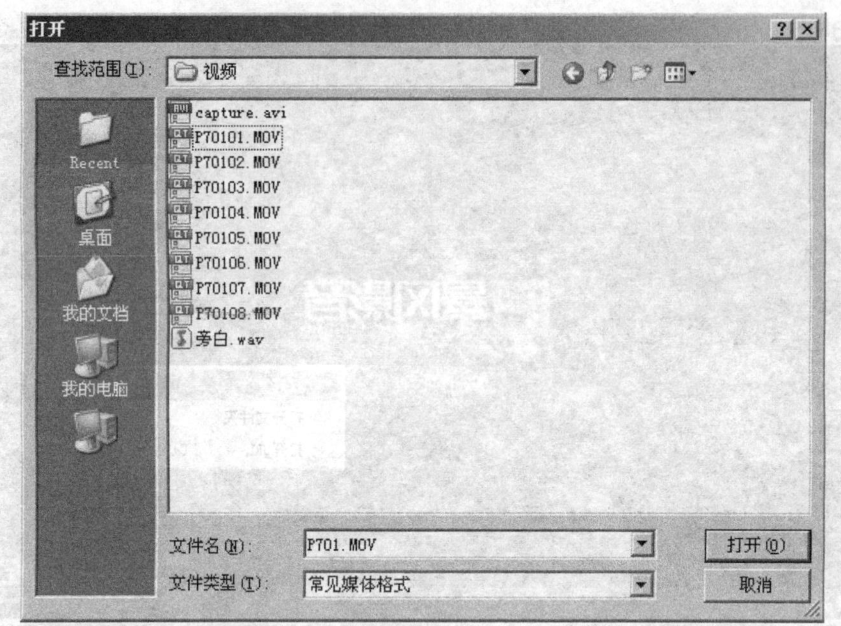

图 2-7

图 2-8

④在播放列表中选择需要删除的文件，单击“从播放列表中删除”按钮，如图 2-13 所示，会将选择的文件在列表中删除，删除后的列表如图 2-14 所示。

⑤单击“清空播放列表”按钮，可以将播放列表清空。

⑥单击“顺序播放”按钮，从弹出的菜单中可以选择文件的播放顺序，如图 2-15 所示。

暴风影音
播放列表
在线视频
暴风影音
BAOFENG.COM
打开文件
"打开文件"按钮
准备就绪

图 2-9

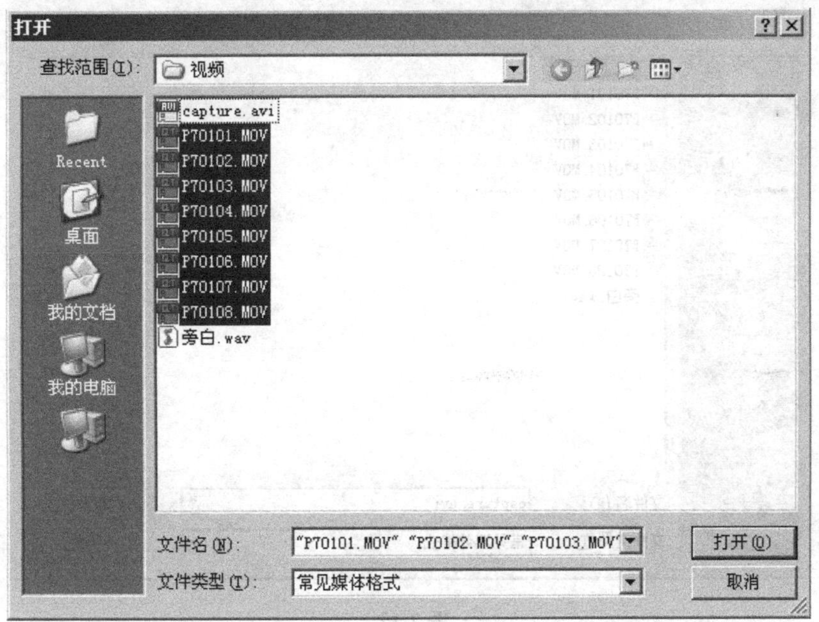
打开
查找范围(I):
视频
capture.avi
P70101.MOV
P70102.MOV
P70103.MOV
P70104.MOV
P70105.MOV
P70106.MOV
P70107.MOV
P70108.MOV
旁白.wav
Recent
桌面
我的文档
我的电脑
文件名(N):
"P70101.MOV" "P70102.MOV" "P70103.MOV"
文件类型(T):
常见媒体格式
打开(O)
取消

图 2-10

暴风影音 P70108.MOV
播放列表
在线视频
P70101.MOV
P70102.MOV
P70103.MOV
P70104.MOV
P70105.MOV
P70106.MOV
P70107.MOV
播放
00:10/00:16
跃然纸上的舌尖美食

图 2-11

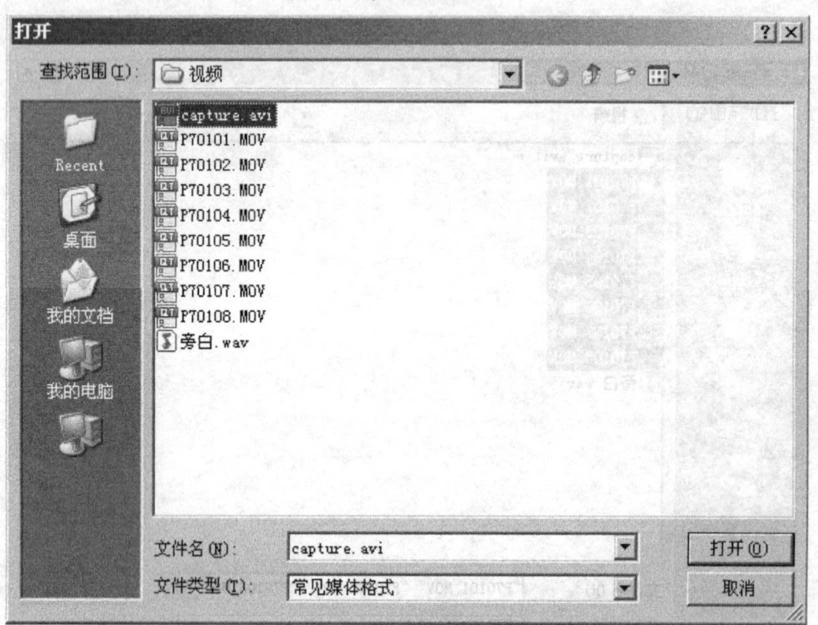
打开
查找范围(I):
视频
capture.avi
P70101.MOV
P70102.MOV
P70103.MOV
P70104.MOV
P70105.MOV
P70106.MOV
P70107.MOV
P70108.MOV
旁白.wav
Recent
桌面
我的文档
我的电脑
文件名(N):
capture.avi
文件类型(T):
常见媒体格式
打开(O)
取消

图 2-12

暴风影音
capture.avi
播放列表
在线视频
P70101.MOV
P70102.MOV
P70103.MOV
P70104.MOV
P70105.MOV
P70106.MOV
P70107.MOV
P70108.MOV
00:16
播放
00:06/00:33
HTC新渴望V仅1629
比价有理 补贴5亿

图 2-13

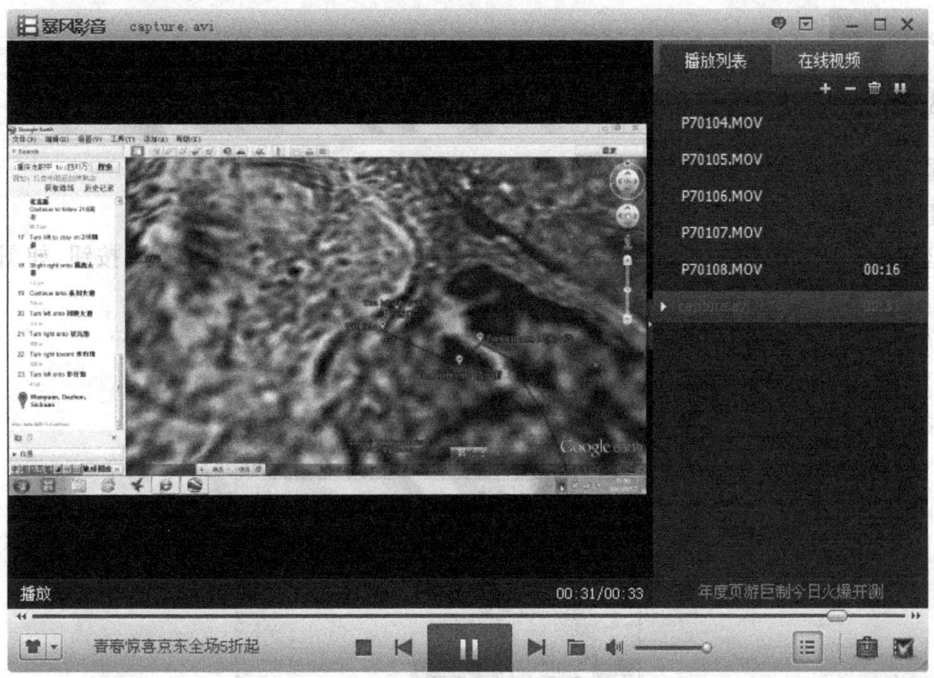
暴风影音
capture.avi
播放列表
在线视频
P70104.MOV
P70105.MOV
P70106.MOV
P70107.MOV
P70108.MOV
00:16
播放
00:31/00:33
年度页游巨制今日火爆开测
春夜惊喜京东全场5折起

图 2-14

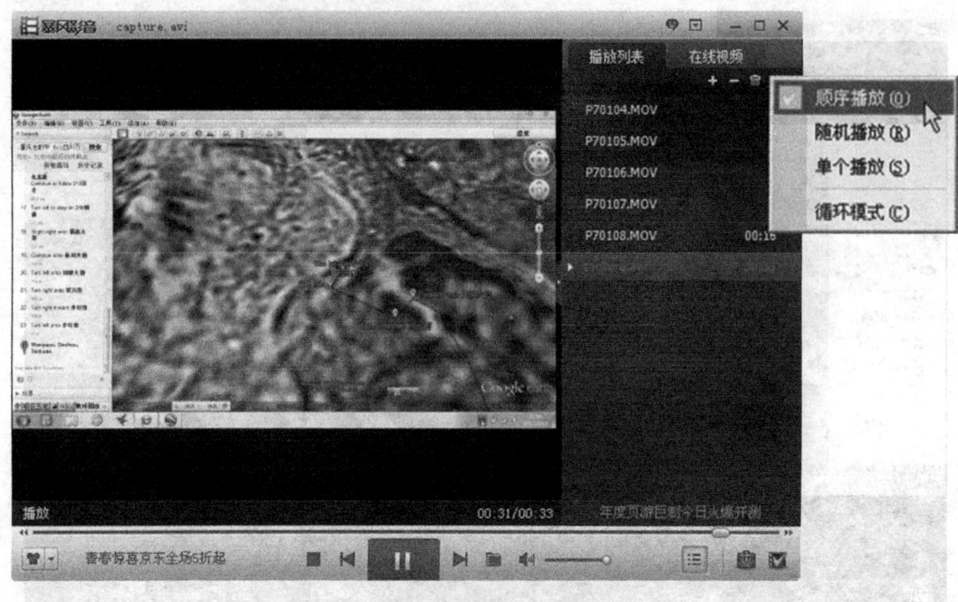

图 2-15

【做一做】

将 3 个视频文件添加到播放列表中，采用不同的播放顺序播放。

3. 播放 DVD 光盘

播放 DVD 光盘的操作步骤如下：

①将光盘插入光驱，关闭光驱。

②在弹出的对话框中选择“使用暴风影音播放 DVD”选项，单击“确定”按钮，如图 2-16 所示。

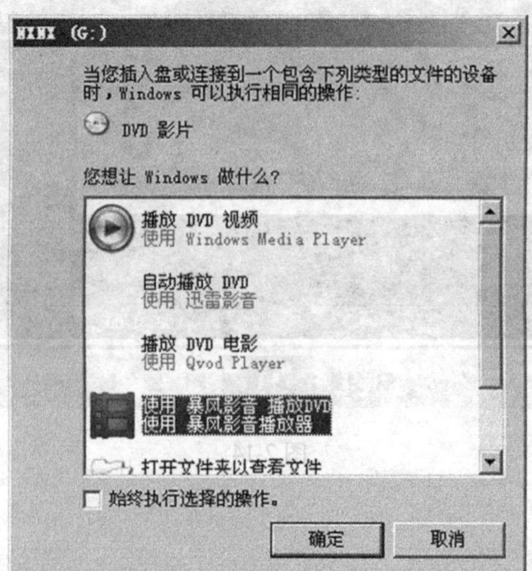

图 2-16

4. 在线看电影

在线看电影的操作步骤如下：

①在暴风影音窗口的右下角单击“暴风盒子”按钮，弹出“暴风盒子”页面，如图 2-17 所示，选择“电影”选项卡。

图 2-17

②在电影项下选择电影类型。

【做一做】

观察图 2-17 对话框，在线电影有哪些类别？

③将鼠标指针放到要看的电影上，出现“播放”按钮，单击即可加载电影，如图 2-18 所示。

图 2-18

练习与思考

(1)目前常见的视频文件格式有哪些？暴风影音能播放哪些视频文件？

(2)请列出你所知道的其他视频播放软件。体验用不同播放软件来播放相同的视频。

音频、视频制作工具

模块综述

随着计算机的发展，数字媒体信息越来越受到人们的关注，经常需要对音视频资料进行一些常规的编辑处理。掌握一些基本的数字媒体技术将给日常工作和生活带来很多方便。本模块将介绍有代表性且简单易学的音视频制作软件。

通过本模块的学习，将达到以下目标：

◆会用 Audition 进行波形编辑；
◆会用 Audition 进行多轨编辑；
◆会用 Audition 进行音效处理；
◆会用会声会影视频编辑器编辑视频；
◆会用会声会影多重修整视频；
◆会用会声会影进行场景分割；
◆会在会声会影中设置回放速度和淡入淡出效果；
◆会在会声会影中进行简单的影片色彩校正。

任务一　音视频制作软件——Adobe Audition

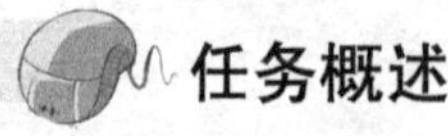

任务概述

Audition 专为在录音室、广播设备和后期制作设备方面工作的音频和视频专业人员设计，可提供先进的音频混合、编辑、控制和效果处理功能。Audition 是一个完善的多声道录音室，可提供灵活的工作流程并且使用简便。无论是录制音乐、无线电广播，还是为录像配音，Audition 中的工具均可为您提供充足动力，以创造最高质量的丰富、细微音响。本任务将介绍用它来进行音频处理的基本操作，仅起到一个抛砖引玉的作用。

1. 波形编辑

使用 Adobe Audition 进行波形编辑的基本操作步骤如下：

①启动 Adobe Audition，如图 3-1 所示。

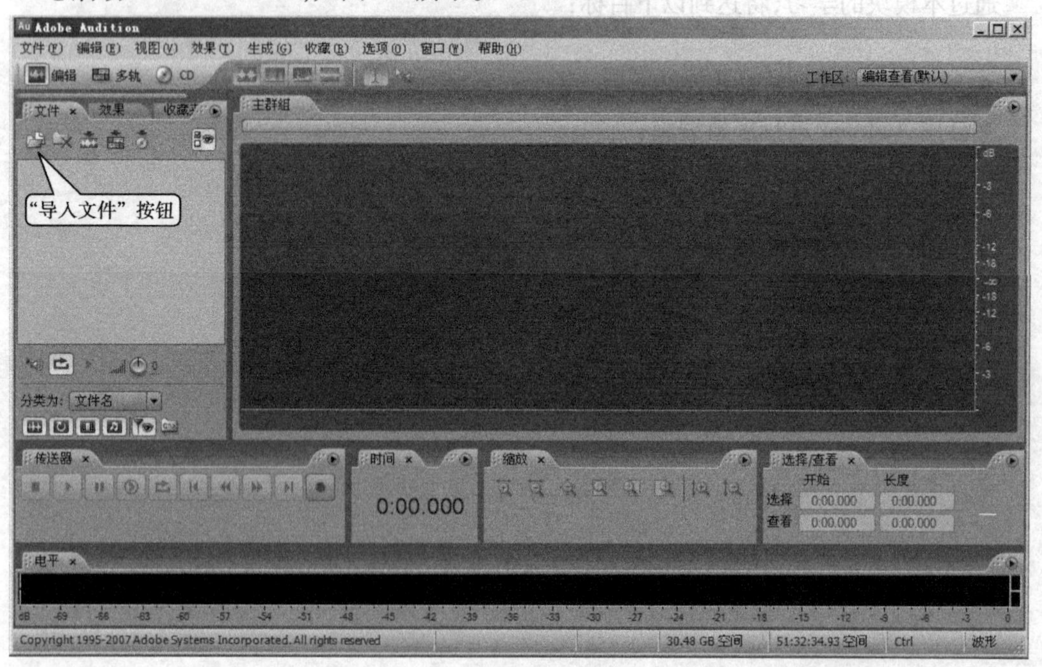

图 3-1

②在左侧的"文件"选项卡中单击"导入文件"按钮，在弹出的对话框中选择需要打开的 MP3 文件，单击"打开"按钮，如图 3-2 所示。打开的素材文件如图 3-3 所示。

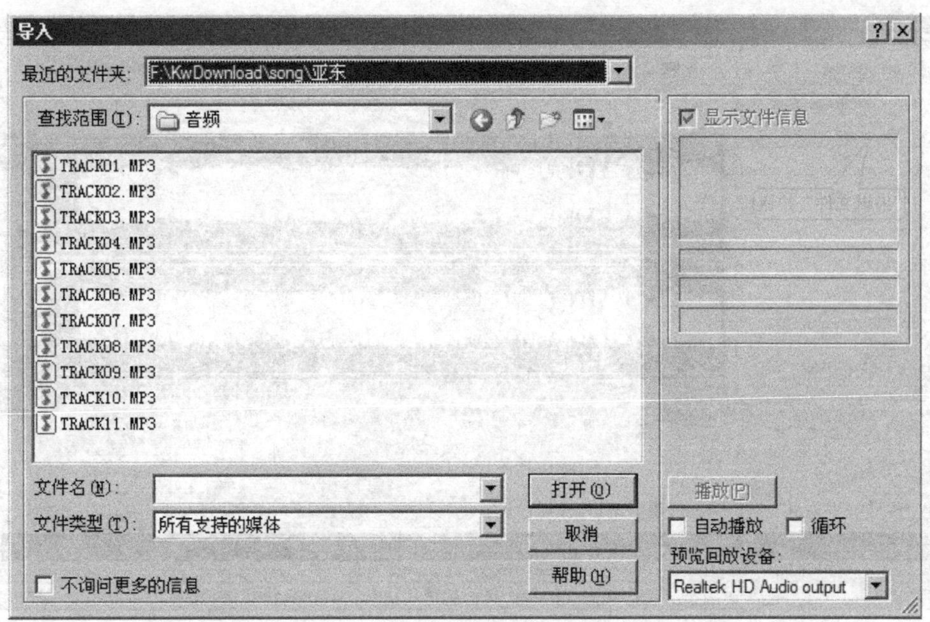

图 3-2

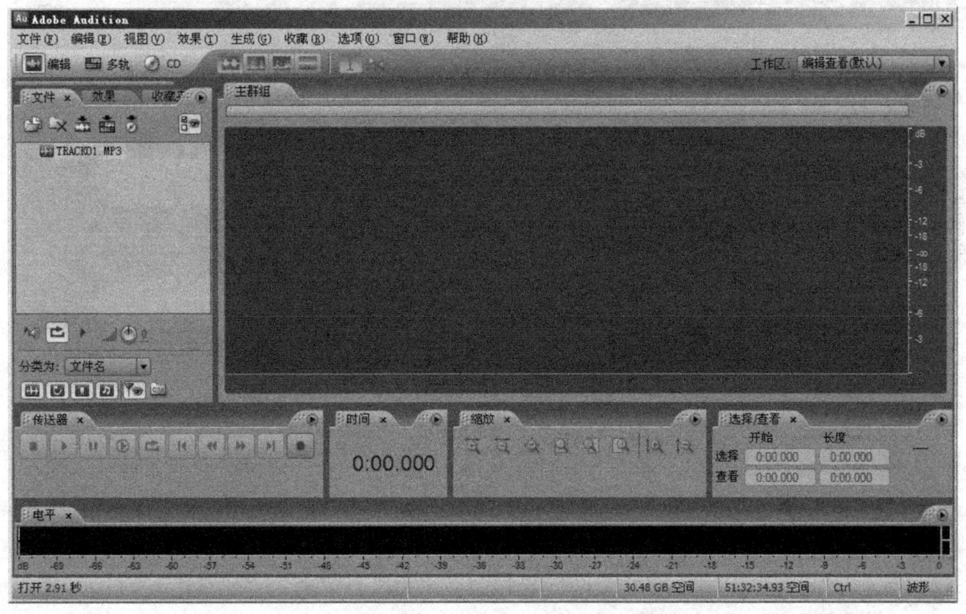

图 3-3

【做一做】

双击“文件”选项卡的空白处，观察弹出的对话框，并说明该操作的功能。

③选中打开的文件，单击“文件”选项卡中的“编辑文件”按钮，如图 3-4 所示。

④选择需要编辑的波形区域，右击，使用相应的快捷菜单命令，如图 3-5 所示。

图 3-4

图 3-5

【知识链接】

部分命令功能：

- 剪切：将选定波形区域剪切到剪贴板中，可用来删除选定区域。
- 复制：将选定波形区域复制到剪贴板中。

● 粘贴:将剪贴板中的波形粘贴到目标位置。

● 混合粘贴:比粘贴功能更强,选择该命令会弹出“混合粘贴”对话框,如图 3-6 所示。从中可以设置剪贴板中的音频效果。

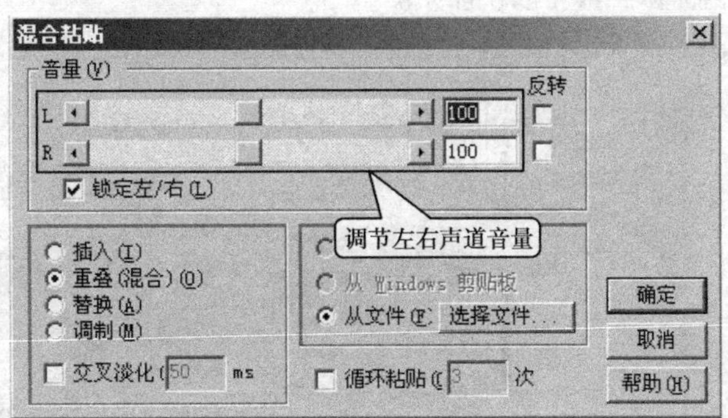

图 3-6

【做一做】

选择一个音频区域,使用“混合粘贴”功能,并调节左右声道的音量,把该音频片段放到目标位置。

2. 多单轨编辑

使用多音轨对音频进行编辑的操作步骤如下:

①在工具栏中单击“多轨”按钮 多轨,将左侧列表中的 MP3 素材拖到音频轨上。按住鼠标右键不放,鼠标指针呈 状时拖动可以改变音频轨的位置,如图 3-7 所示。

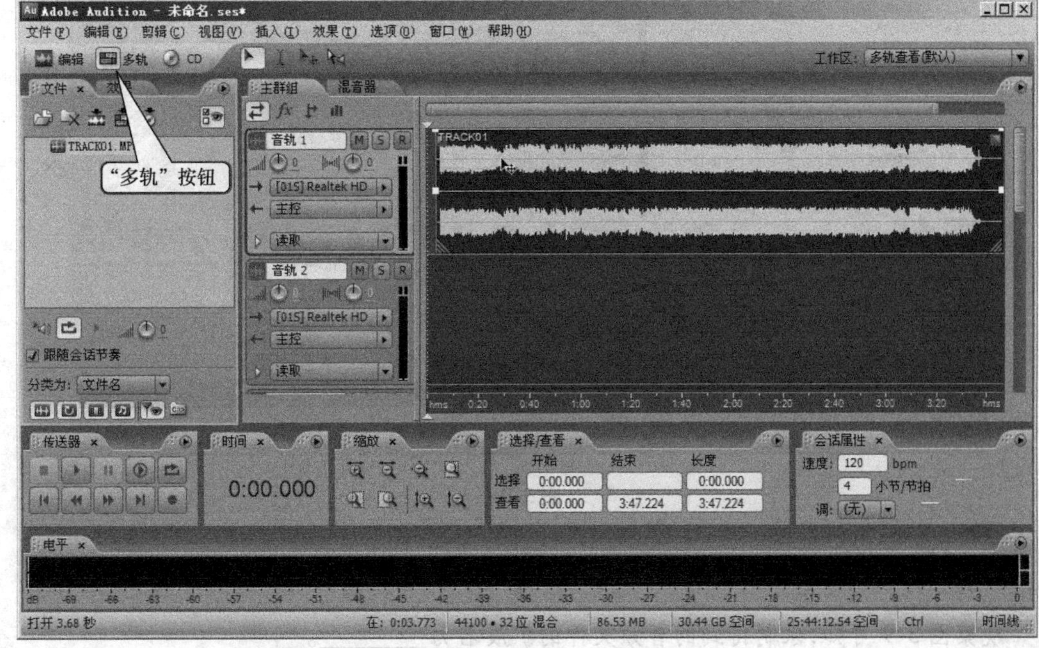

图 3-7

②单击“音轨 2”的 R 按钮，在弹出的“保存会话为”对话框中保存工程文件。再单击“录音”按钮可以录制其他音频到音轨 2 上，如图 3-8 所示。

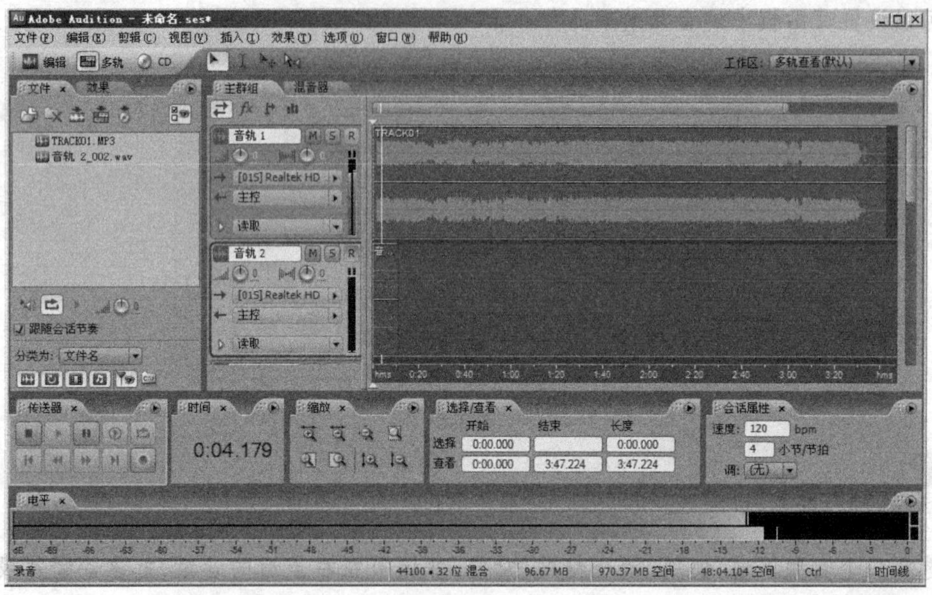

图 3-8

③单击“录音”按钮，停止录音，如图 3-9 所示。单击“文件”→“另存为”可保存录制的音频文件。

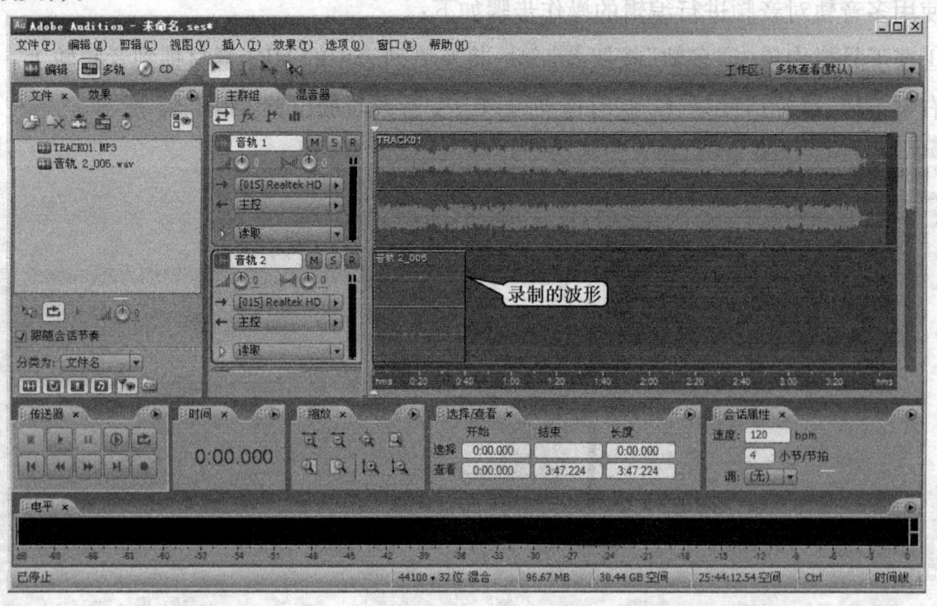

图 3-9

【做一做】

观察图 3-9 可知，录制得到的音频文件的扩展名为________。

3. 特殊声音效果

特殊声音效果的制作步骤如下：

①在“文件”选项卡中，双击需要添加声音效果的音频，使其波形显示如图3-10所示效果。

图3-10

②选择需要编辑的音频段，在“效果”菜单中可以选择音频效果的命令，如选择“倒转(进程)”命令，如图3-11所示。倒转后的音频也可以再次“倒转”，将波形还原。

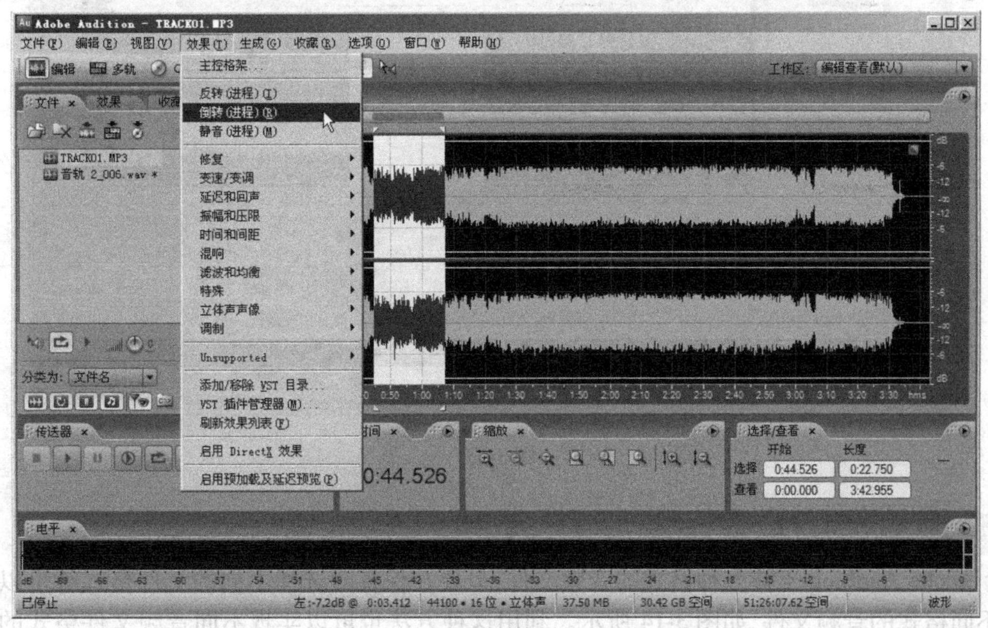

图3-11

③选择需要编辑的音频段，如图 3-12 所示。

图 3-12

④选择“效果”→“静音”命令，静音后的音频段如图 3-13 所示。

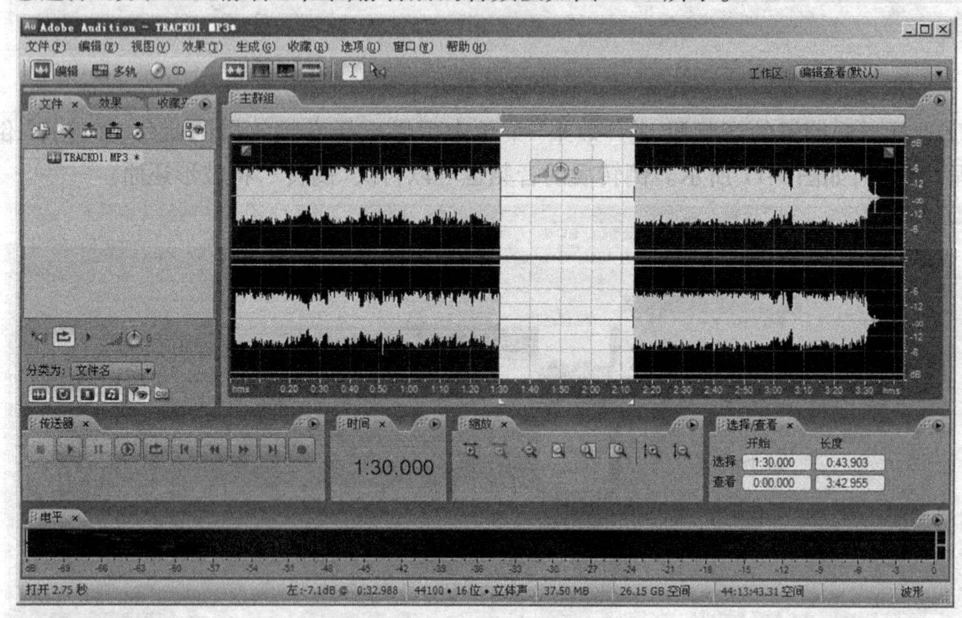

图 3-13

4. 音频文件输出

Adobe Audition 支持多种格式的音频文件，只要在保存时选择不同的文件格式就可以得到不同格式的音频文件，如图 3-14 所示。利用这种方法也可以实现不同音频文件格式的相互转化。

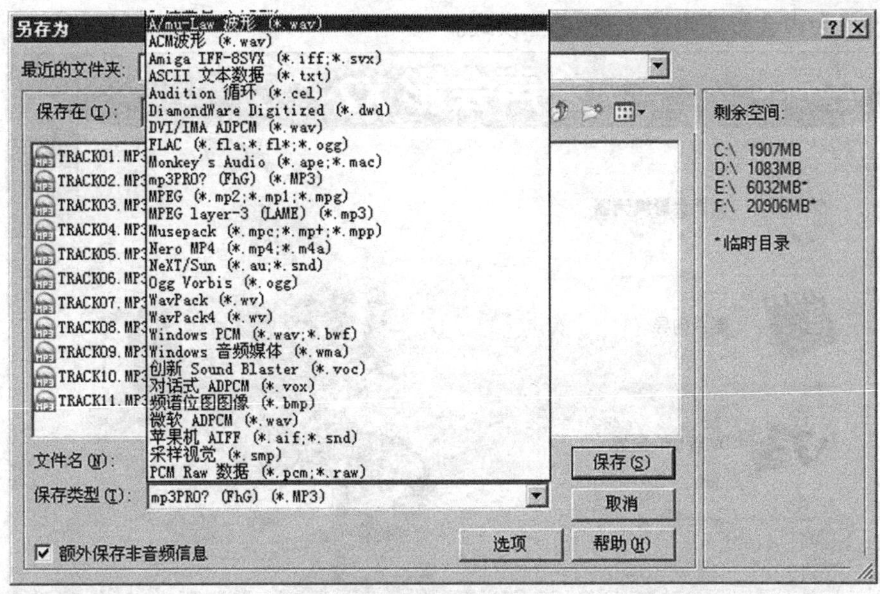

图 3-14

【做一做】

在图 3-14 所示的列表框中找出你熟悉的音频文件格式。

练习与思考

(1)查看“另存为”对话框,列出 Adobe Audition 支持的所有音频文件格式。

(2)利用 Adobe Audition 将一个 MP3 文件转换为 WAV 格式文件。

(3)在 Adobe Audition 中,试用“效果”→“变速/变调”命令来调整音调,将小孩的声音调整为老人的声音。

任务二　视频编辑——会声会影

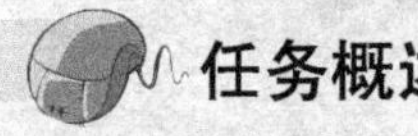

任务概述

会声会影是一款优秀的视频编辑软件,使用简单、容易上手、功能强大,且制作快速。它能够把婚礼庆典、寿宴、旅游记录、毕业典礼等美好时光的记录轻松剪辑成精彩、有创意的影片。本任务将介绍其基本的视频编辑。

1. 会声会影向导界面

启动会声会影主程序后,屏幕显示如图 3-15 所示的选择界面,有“DV 转 DVD 向导”“影片向导”和“会声会影编辑器”三种选择模式。

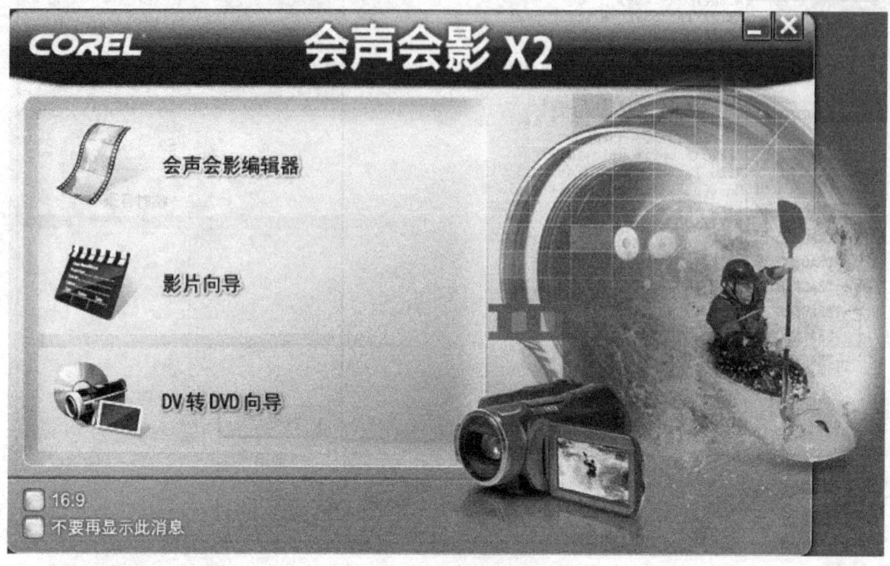

图 3-15

(1)“DV 转 DVD 向导”命令项

“DV 转 DVD 向导”命令项可以将数码摄像机中的内容轻松制作成影片，然后刻录到光盘上。其工作过程是：将数码摄像机中的视频直接传输并刻录到光盘上，形成 VCD 或 DVD，无须先传输到硬盘中。单击该命令项可进行图 3-16 所示的 DV 转 DVD 向导界面。

图 3-16

(2)“影片向导”命令项

在三种模式选择界面中,“影片向导”命令项最适合视频编辑的初学者。该功能提供了许多模板,如婚礼、寿宴等,用户只需要把素材添加进去,程序就能自动为影片加片头、片尾、背景音乐、字幕等。通过三个步骤就能创建出一个光盘文件来。单击该命令可进入图3-17所示界面。

图3-17

(3)“会声会影编辑器”命令项

“会声会影编辑器”命令项提供了完整的编辑功能,可以添加素材、标题、效果、覆叠和音乐,以及在光盘或其他介质上制作出最终的影片,如图3-18所示。

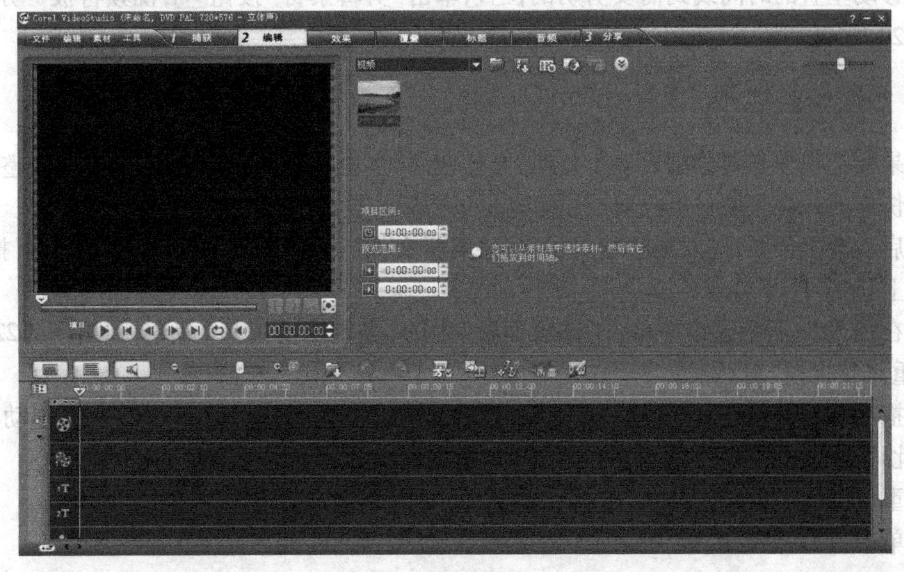

图3-18

2. 使用视频编辑器编辑视频

无论是从摄像机捕捉，还是从文件中直接导入的影片素材，都属于原始素材，一般需要剪辑。如把需要的片段保留，把不需要的片段删除，然后按故事情节进行排列组合。

在时间轴上直接切割视频操作步骤如下：

①启动会声会影，进入“会声会影编辑”状态，将素材“…\素材\视频\P70101. mov”导入故事板，然后单击“时间轴视图”按钮，切换到时间轴模式，如图3-19所示。

图3-19

②移动垂直的时间线到需要剪切的位置，单击“剪辑素材”按钮，视频将被一分为二，如图3-20所示。

3. 多重修整视频

如果要把视频素材分割成多个片段，必须使用“多重修整视频”工具。“多重修整视频”工具能快速地从视频素材中提取或删除所要的视频片段，操作步骤如下：

①启动会声会影，进入视频编辑状态，将素材文件“…\素材\视频\P70101. mov”拖放到故事板上。

②在图3-21所示窗口中单击“选项面板”中的“多重修整视频”命令，弹出图3-22所示的“多重修整视频”对话框。

③拖动飞梭栏，直到作为第一个片段的起始帧的位置，单击“起始”按钮，再拖动“飞梭栏”到此片段终止的位置，单击“终止”按钮，如图3-23所示。

④重复以上步骤，直到标记出所有要保留或删除的片段，如图3-24所示。

⑤单击“确定”按钮，效果如图3-25所示。

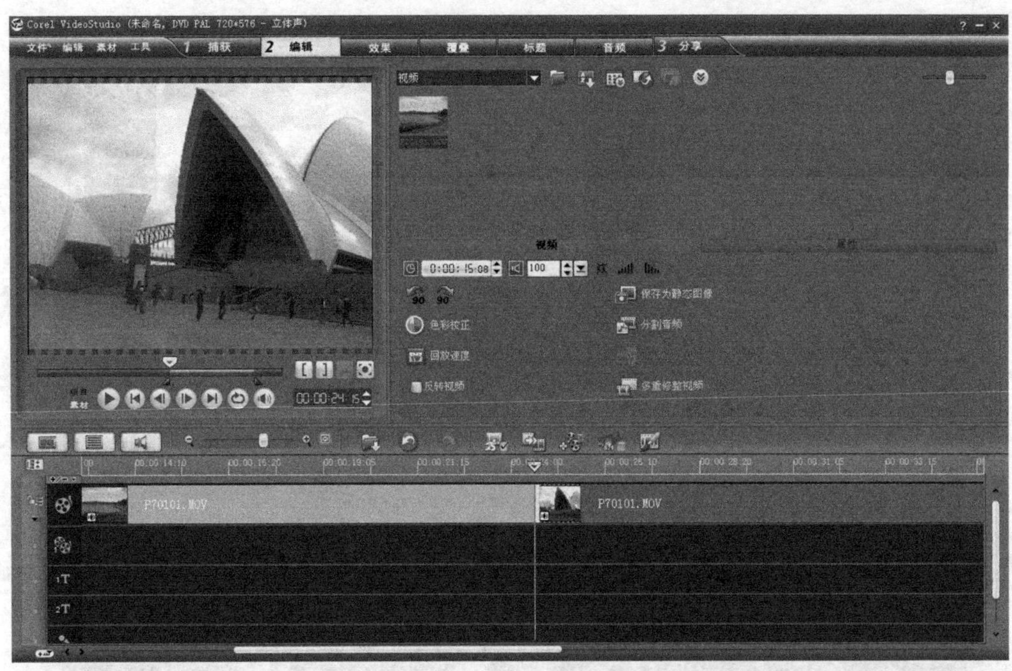

图 3-20

图 3-21

多重修整视频
使用「起始/结束」按钮或按 [F3]/[F4]，可以选择要保留的视频片段。
反转选取(I)
快速搜索间隔:
0:00:15:00
起始/结束:
自动检测电视广告(A)
检测敏感度
低
高
合并 CF(M)
播放修整的视频
修整的视频区间: 00:00:00:00
0:00:00:00
确定
取消

图 3-22

多重修整视频
使用「起始/结束」按钮或按 [F3]/[F4]，可以选择要保留的视频片段。
反转选取(I)
快速搜索间隔:
0:00:15:00
起始/结束:
“起始”和“终止”按钮
检测敏感度
低
高
合并 CF(M)
播放修整的视频
修整的视频区间: 00:00:07:05
0:00:07:04
00:00:00:00
确定
取消

图 3-23

图 3-24

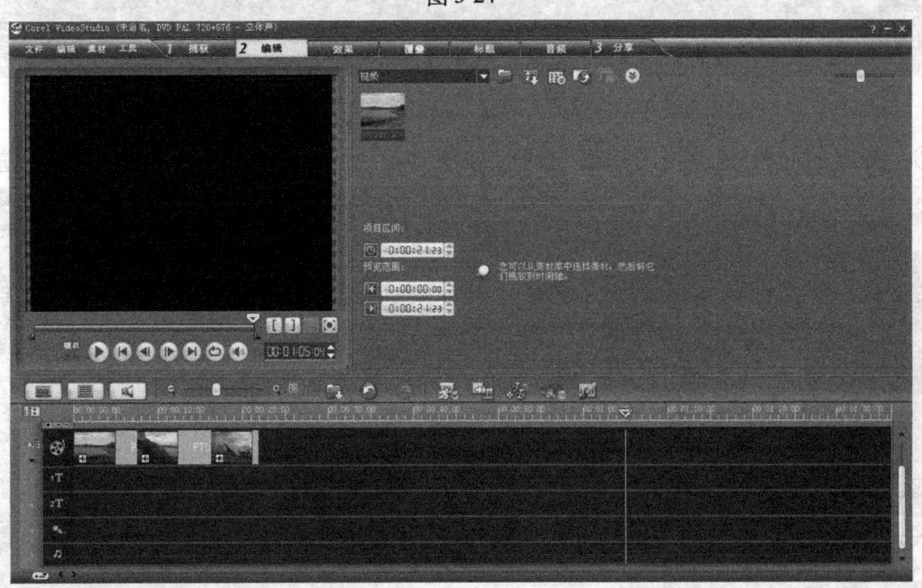

图 3-25

【做一做】

导入"…\素材\视频\P70102.mov"视频文件，利用多重修整视频工具选择多个视频片段。

4. 场景分割

操作步骤如下：

①启动“会声会影”，进入“会声会影编辑器”状态，将素材文件“…\素材\视频\教学视频.mpg”添加到故事板上，选中视频，单击“按场景分割”按钮，弹出“场景”对话框，如图3-26所示。

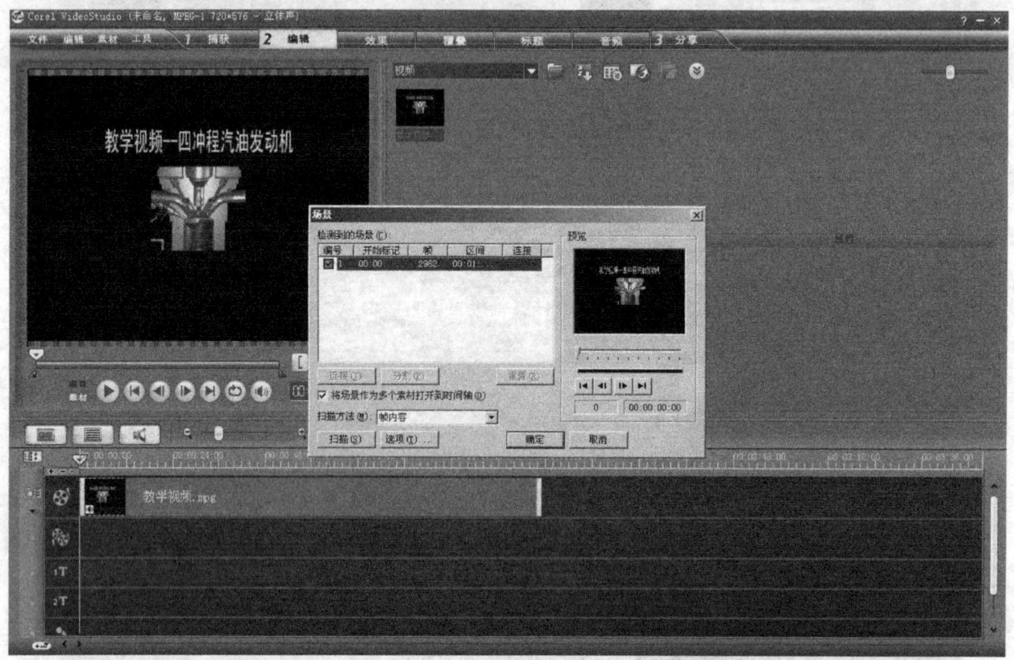

图3-26

②在弹出的面板中，单击“扫描”按钮，如图3-27所示，程序会自动开始对画面进行扫

图3-27

描，进而将不同场景画面分开。扫描结束后，单击“确定”按钮完成操作，如图3-28所示。

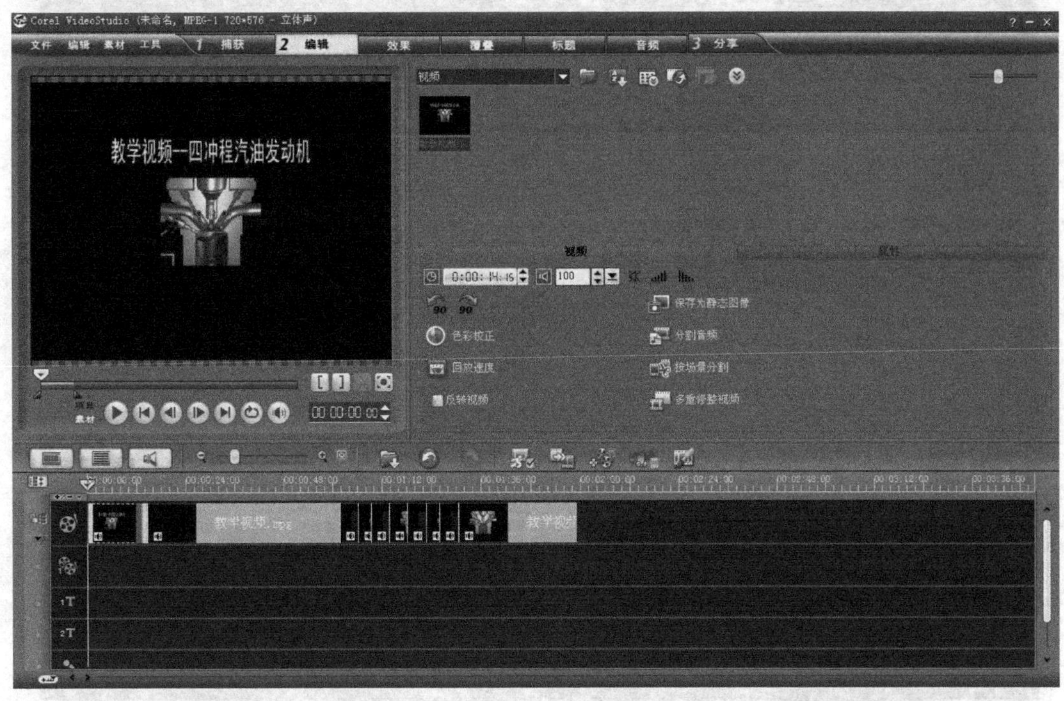

图3-28

5. 回放速度

“会声会影”提供了控制视频播放速度的功能。在哪些情况下需要使用这一功能呢？一般来说，如果要强调运用的表现力，则往往使用慢动作；如果要为影片营造滑稽的气氛，则使用快动作；如果要让影片更夸张，可以使用倒放效果。

设置视频回放速度的操作步骤如下：

①将要编辑的素材“…\素材\视频\教学视频. mpg”添加到故事板上并选中，然后单击“回放速度”按钮，弹出“回放速度”对话框，如图3-29所示。

②拖动滑动条向左移动“速度”值到“45”的位置，左边代表的是慢动作。单击“预览”按钮，可以查看设置的结果。完成后，单击“确定”按钮，如图3-30所示。

友情提示

在时间轴模式下，按住“Shift”键拖动选中的素材，也可以改变素材的回放速度，如图3-31所示。

如果要制作倒放影片的效果，只需要在选项面板中选择“反转视频”命令即可，如图3-32所示。

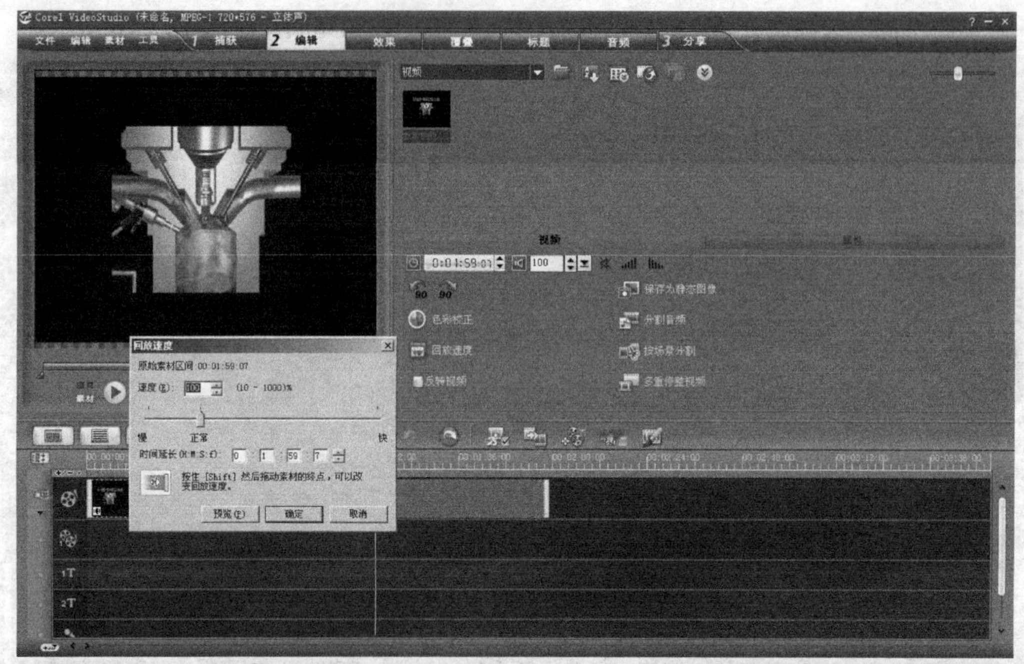

图 3-29

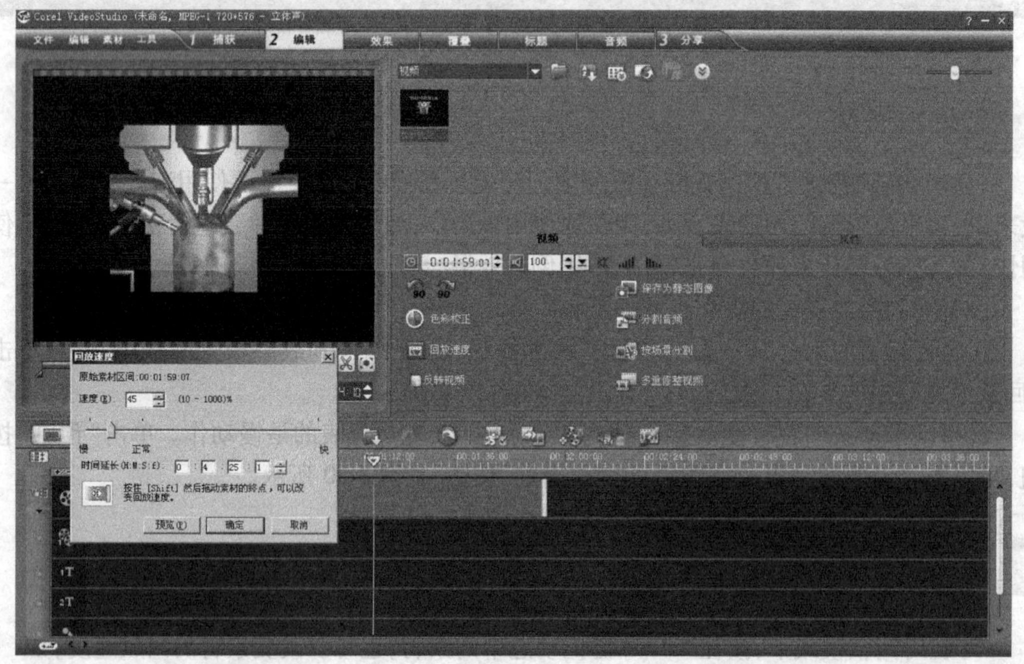

图 3-30

6. 静音与淡入/淡出

在许多情况下拍摄的画面都伴有嘈杂的声音,怎样才能删除其中的噪声呢?“会声会影”提供了将这种“原声”消除或减弱的方法,操作步骤如下:

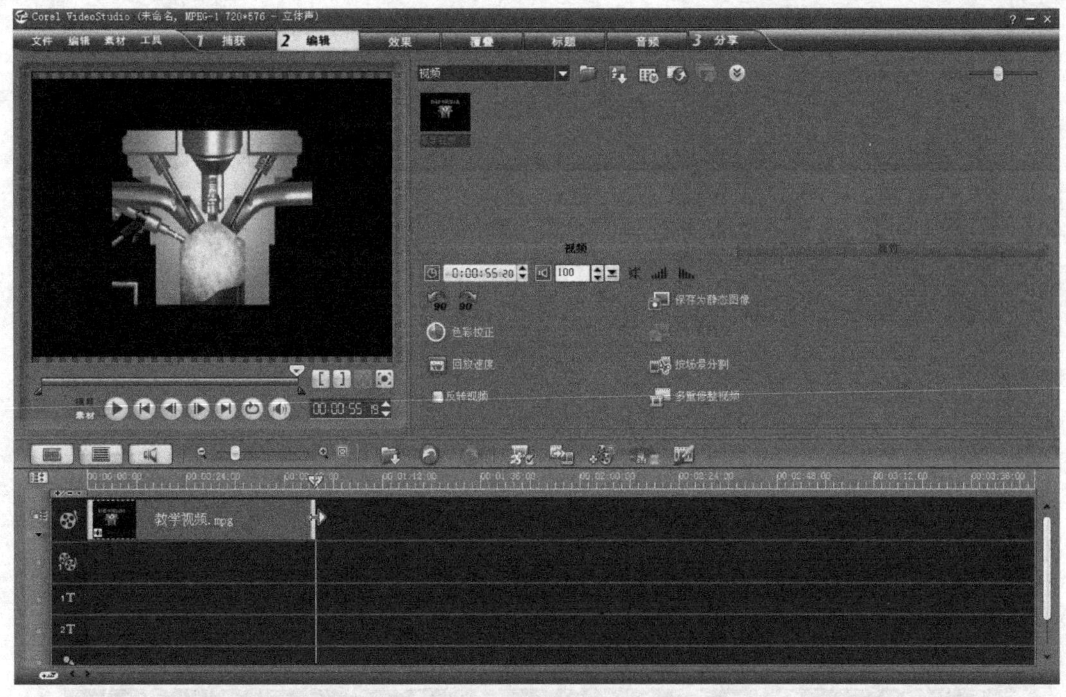

图 3-31

图 3-32

①进入“会声会影编辑器”状态,将素材“…\素材\视频\教学视频. mpg”添加到故事板上。

②在“选项面板”中单击“静音”的按钮,消除影片上的原声,如图 3-33 所示。

如果不使用“静音”按钮,将音量值设为“0”,也能让视频消声,如图 3-34 所示。

图 3-33

图 3-34

【做一做】

使用“静音”按钮后，再调节音量值，观察能否成功，并记下结论。

“淡入/淡出”功能是让影片上的声音在开始与结束时，能够淡淡地渐入和淡淡地渐出，不造成生硬的感觉。在应用时，只需要单击“淡入/淡出”按钮即可。

另外“会声会影”在选项面板中提供了“分割音频”命令，能将影片的视频和音频分离。

7. 影片的色彩校正

有时拍摄的影片可能会显得亮度不足，或者因天气原因造成影片偏色，这时就可以使用“会声会影”的色彩校正功能。操作步骤如下：

①进入“会声会影编辑器状态”，将“…\素材\视频\教学视频. mpg”素材添加到故事面板上。

②在“选项面板”中单击“色彩校正”按钮，弹出色彩校正面板，如图 3-35 所示。

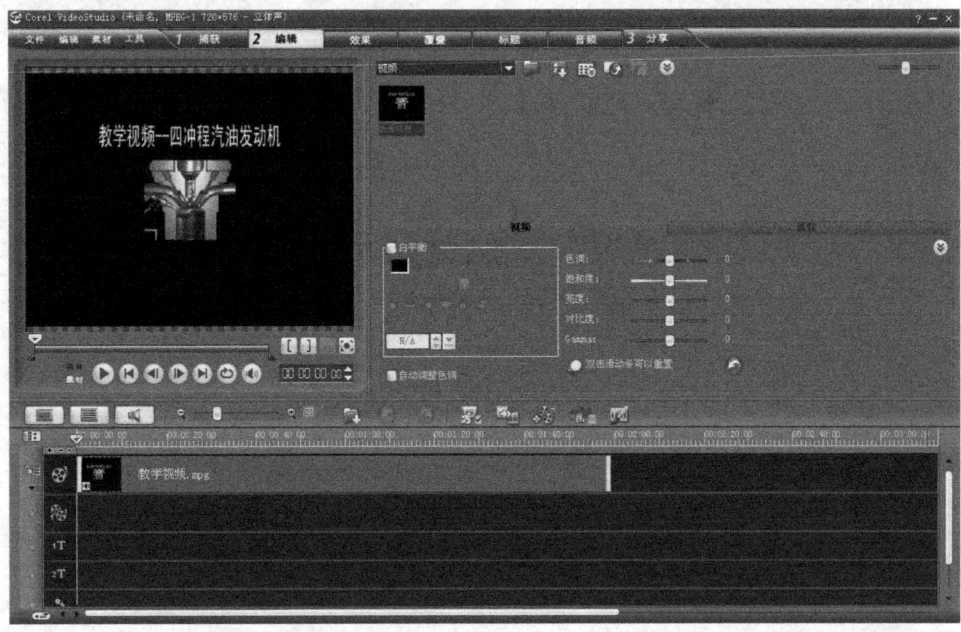

图 3-35

③适当调节饱和度、亮度与对比度等参数，从而达到正常的视觉标准。如果没有调整好，可以单击“重置”按钮。

练习与思考

(1)使用手机或相机录制一段视频，然后使用会声会影编辑器进行编辑。

(2)将自己的相片导入会声会影编辑器中，制作一份电子相册。

另外"会声会影"在选项面板中提供了"分割音频"命令，能将影片的视频和音频分离。

2.影片的色彩校正

有时拍摄的影片可能会是曝光度不足，或者因天气原因造成影片偏色，这时就可以使用"会声会影"的色彩校正功能。操作步骤如下：

①进入"会声会影编辑器状态"，将"…/素材/视频/教学视频.mpg"素材添加到故事面板上。

②在"选项面板"中单击"色彩校正"按钮，弹出"色彩校正面板，如图3-35所示。

图3-35

③适当调节色调和饱和度、亮度与对比度等参数，从而达到正常的视觉标准。如果没有调整好，可以单击"重置"按钮。

练习与思考

(1)使用手机或相机录制一段视频，然后使用会声会影编辑器进行编辑。

(2)将自己的相片导入会声会影编辑器中，制作一份电子相册。

图像浏览和截图工具

模块综述

本模块主要介绍如何使用浏览和截图工具，以及录制屏幕的专用工具。利用图像浏览工具可以方便地管理和查看图像，截图工具可以将需要的图像截取下来，录制视频工具可以录制当前的操作步骤。

通过本模块的学习，将达到以下目标：

◆会使用 ACDSee 进行图片浏览、批量更名、格式转换和简单的处理；
◆会使用 HyPerSnap 抓图和简单的图片处理；
◆会使用 Camtasia Studio 录制屏幕和简单的视频编辑。

任务一　看图软件——ACDSee

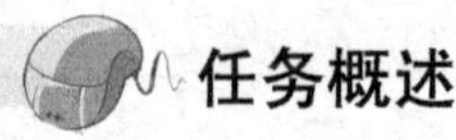

任务概述

ACDSee 是得心应手的图片编辑工具，轻松处理数码影像，具有除红眼、剪切图片、锐化、浮雕、曝光调整、旋转、镜像等功能，还能进行批量处理。ACDSee 能广泛应用于图片的获取、管理、浏览、优化，甚至与他人分享。ACDSee 有不同的版本，功能有一定的差异，操作方法略有不同。

1. 浏览图片

①运行 ACDSee，程序界面如图 4-1 所示。

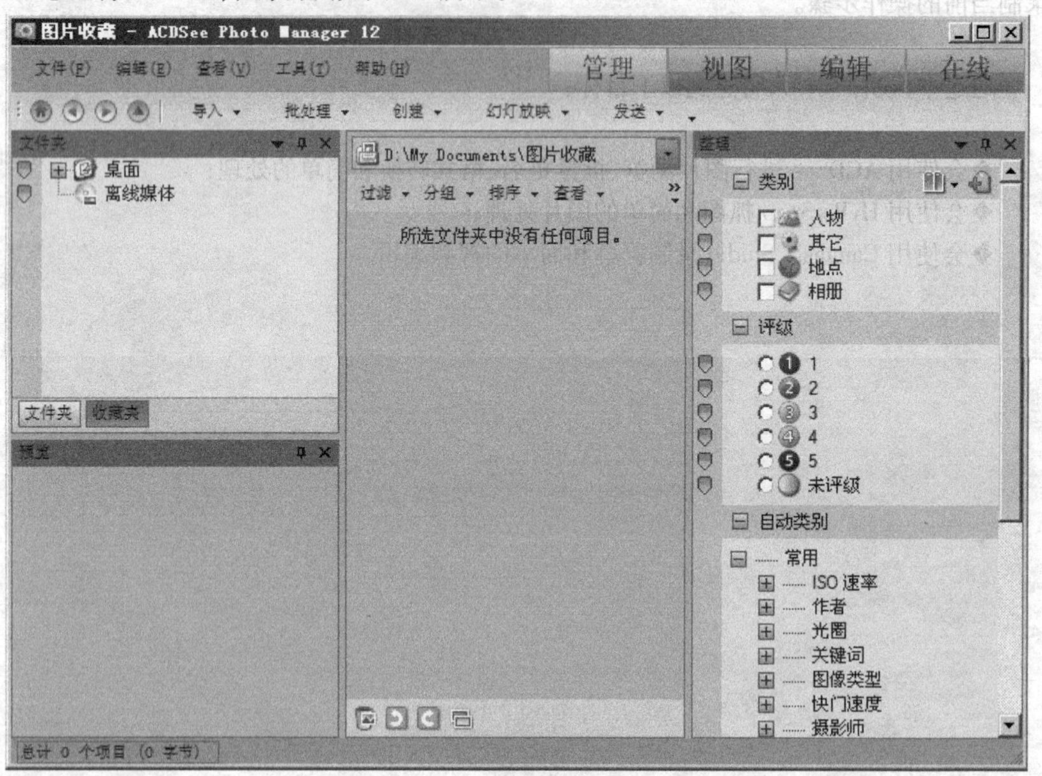

图 4-1

②在左侧的“文件夹”窗格中选择需要浏览图片的文件夹“…\素材\图片”，将鼠标指针放置到需要查看的图像上，会出现该图片的放大缩览图，如图 4-2 所示。

图 4-2

友情提示

ACDSee 提供了简单的文件管理功能,类似于资源管理器,用它可以进行文件的复制和重命名等。使用时只需要选择"编辑"菜单中的命令或单击工具栏中的命令按钮即可打开相应的对话框,在对话框中进行操作。

③双击需要查看的图像,会将该图像适配屏幕窗口显示,如图 4-3 所示。双击放大显示的图像返回缩览图。

友情提示

有时得到的图片文件比较大,屏幕显示不完整;而有时所要看的图片又比较小,在这种情况下就可以使用 ACDSee 的放大和缩小功能显示图片。按键盘的"＋"或"－"键,就可以放大或缩小图片,按"/"键就可以显示实际大小。

④在图片缩览图下方调整 ⊟—◀———⊞,可以缩小或放大图片缩览图显示,如图 4-4 所示。

⑤单击 ＜上一个　下一个＞ 按钮,或滚动鼠标滚轴可以查看上一张或下一张图片,如图 4-5 所示。

P701.jpg - ACDSee Photo Manager 12
文件(F) 编辑(E) 查看(V) 工具(T) 帮助(H)
管理 视图 编辑 在线
18%
胶片
上一个 下一个
1/20 P701.jpg 2.9 MB 2048x1536x24b jpeg 修改日期: 2012-8-21 14:14:18 ISO 80 6.3 mm

图 4-3

P701.jpg - ACDSee Photo Manager 12
文件(F) 编辑(E) 查看(V) 工具(T) 帮助(H)
管理 视图 编辑 在线
10%
胶片
上一个 下一个
1/20 P701.jpg 2.9 MB 2048x1536x24b jpeg 修改日期: 2012-8-21 14:14:18 ISO 80 6.3 mm

图 4-4

图 4-5

2. 批量改名

下面介绍 ACDSee 中"批量重命名"的使用。操作步骤如下：

①在文件夹中选择需要重命名的多张图片，这里选择前两个文件，如图 4-6 所示。

图 4-6

②选择工具栏中“批处理”→“重命名”命令，如图4-7所示。

图4-7

③在弹出的对话框中，在“模板”下拉列表框中输入“园林##”，选择“使用数字替换#”单选按钮，设置“开始于”为1，单击“开始重命名”按钮，如图4-8所示。

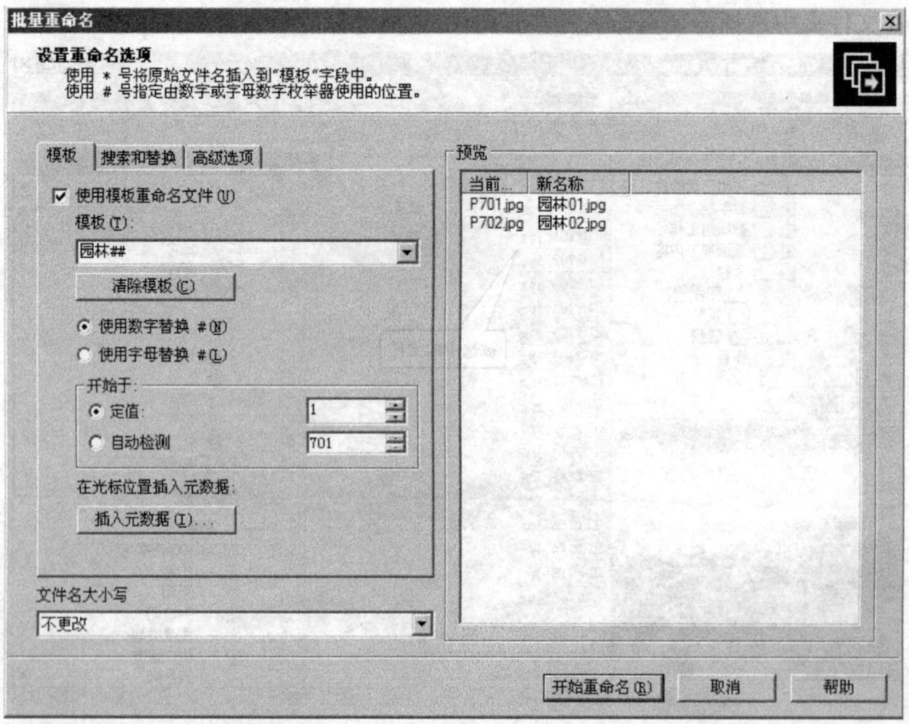

图4-8

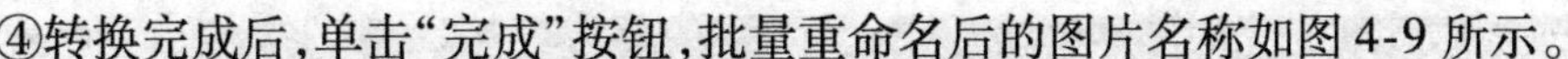

④转换完成后，单击“完成”按钮，批量重命名后的图片名称如图 4-9 所示。

图 4-9

3. 格式转换

ACDSee 支持众多的图片格式，可以快速、高效地显示图片，也提供了方便的文件管理。使用 ACDSee，可以轻松地处理数码影像，进行图片编辑，图片格式转换和调整图片大小、旋转、颠倒、剪切图像，进行颜色处理、消除斑点、添加锐化、浮雕特效，进行批量处理。下面介绍转换图片格式的操作步骤：

①选择需要转换文件格式的图片文件“…\素材\图片\P703. jpg、P704. jpg”，如图 4-10 所示。

②选择工具栏中“批处理”→“转换文件格式”命令，如图 4-11 所示。

③在弹出的“批量转换文件格式”对话框中，在“格式”选项卡中选择需要转换为的格式，单击“下一步”按钮，如图 4-12 至图 4-15 所示。

【做一做】

观察图 4-12，列出 ACDSee 所支持的所有文件格式。

④转换完成后，如图 4-16 所示。

图 4-10

图 4-11

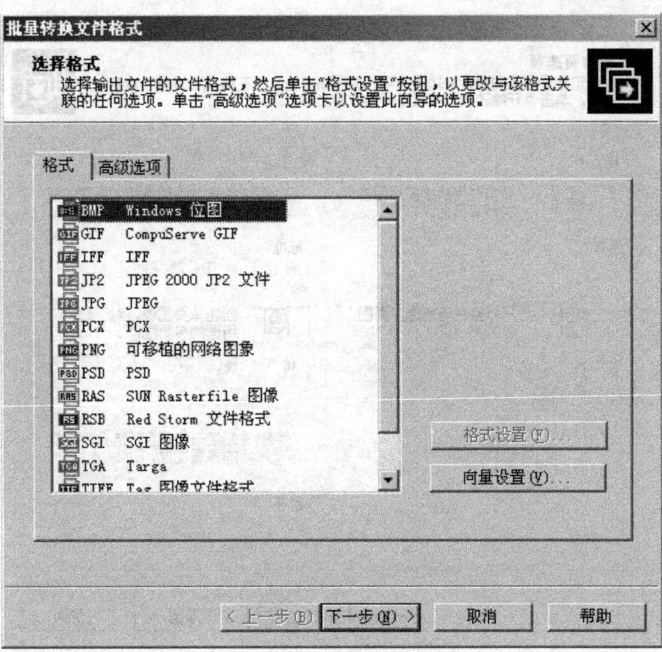

图 4-12

批量转换文件格式

设置输出选项

设置转换后文件的目标文件夹，并指定如何处理同名的文件。

目标

将修改后的图像放入源文件夹(P)

将修改后的图像放入以下文件夹(F)

D:\My Documents\图片收藏

浏览(B)...

清除文件夹历史(C)

文件选项

覆盖现有的文件(O): 询问

保留上次修改日期(D)

保留元数据

删除原始文件(R)

保留数据库信息

< 上一步(B)　下一步(N) >　取消　帮助

图 4-13

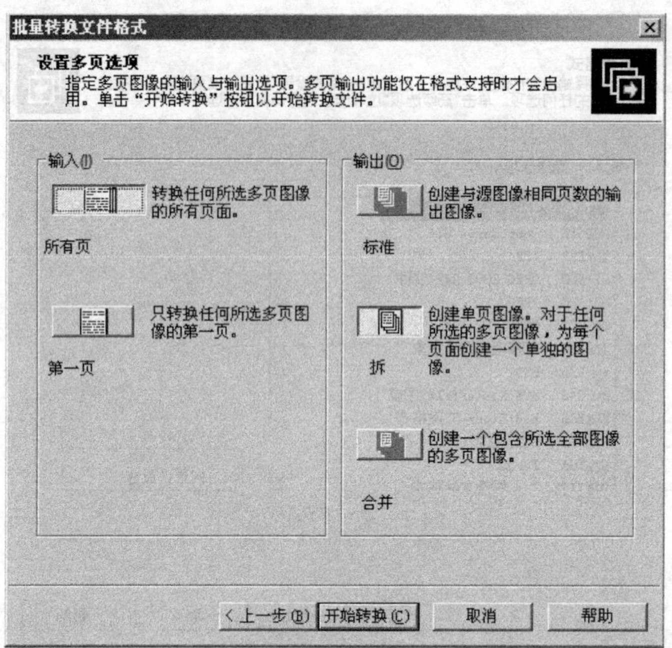
批量转换文件格式
设置多页选项
指定多页图像的输入与输出选项。多页输出功能仅在格式支持时才会启用。单击“开始转换”按钮以开始转换文件。
输入(I)
转换任何所选多页图像的所有页面。
所有页
只转换任何所选多页图像的第一页。
第一页
输出(O)
创建与源图像相同页数的输出图像。
标准
创建单页图像。对于任何所选的多页图像，为每个页面创建一个单独的图像。
拆
创建一个包含所选全部图像的多页图像。
合并
< 上一步(B)
开始转换(C)
取消
帮助

图 4-14

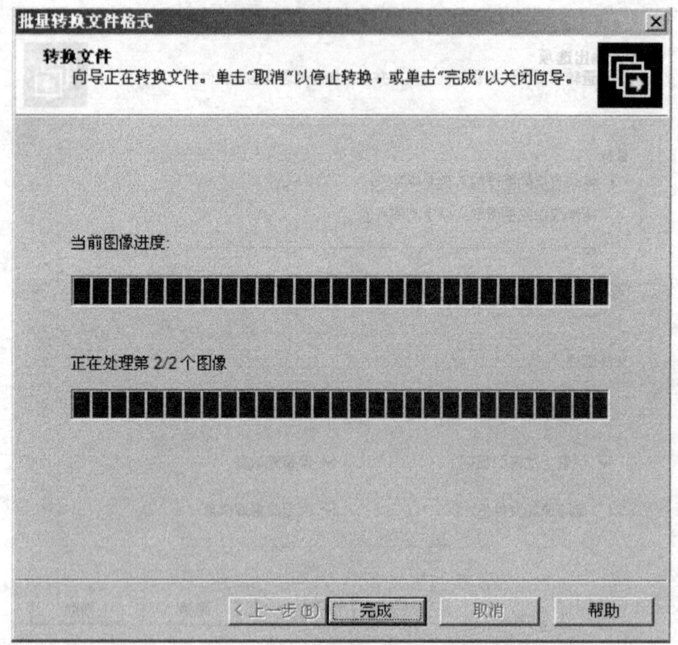
批量转换文件格式
转换文件
向导正在转换文件。单击“取消”以停止转换，或单击“完成”以关闭向导。
当前图像进度:
正在处理第 2/2 个图像
< 上一步(B)
完成
取消
帮助

图 4-15

图 4-16

友情提示

图片格式转换的另外一种方法是:选择需要转换格式的图片并右击,在弹出的快捷菜单中选择“工具”→“转换格式”命令。

4. 简单图片处理

①选择图片文件“…\素材\图片\P705. jpg”,在工具栏中单击“编辑图像”按钮,如图4-17所示。

②单击菜单栏右侧的“编辑”选项卡,打开编辑界面,如图4-18所示,在“操作”面板中选择“曝光”命令。

③对数值按如图4-19所示进行设置,然后单击“完成”按钮。

④返回“编辑面板”,单击“完成”按钮,如图4-20所示。

⑤在弹出的“保存更改”对话框中单击“另存为”按钮,弹出“图像另存为”对话框,如图4-21所示。

⑥在“图像另存为”对话框中为文件重命名,单击“保存”按钮。

图片 - ACDSee Photo Manager 12
文件(F) 编辑(E) 查看(V) 工具(T) 帮助(H)
管理 视图 编辑 在线
导入 批处理 创建 幻灯放映 发送
文件夹
常用工具软件应用
教学
教研组工作
桌面部分内容
素材
图片
视频
音频
账目
文件夹 收藏夹
预览
E:\素材\图片
过滤 分组 排序 查看
园林01.jpg
园林02.jpg
P703.jpg
P704.jpg
P705.jpg
P706.jpg
P707.jpg
P708.jpg
P709.JPG
P710.JPG
P711.JPG
P712.JPG
P713.jpg
P714.jpg
P715.jpg
P716.jpg
P717.jpg
P718.JPG
P719.jpg
P720.jpg
P703.bmp
P704.bmp
整理
类别
人物
其它
地点
相册
评级
1
2
3
4
5
未评级
自动类别
常用
ISO 速率
作者
光圈
关键词
图像类型
快门速度
总计 22 个项目 (59.2 MB)
P705.jpg
2.0 MB, 修改日期: 2012-8-21 14:41:10
2048x1536x24b

图 4-17

P705.jpg - ACDSee Photo Manager 12
文件(F) 编辑(E) 查看(V) 工具(T) 帮助(H)
管理 视图 编辑 在线
编辑工具
操作
文本
边框
晕影
特殊效果
几何体
旋转
翻转
裁剪
调整大小
曝光/照明
曝光
色阶
自动色阶
色调曲线
光线
保存
完成
取消
显示已保存
18%
胶片
上一个
下一个
5/22
P705.jpg
2.0 MB
2048x1536x24b jpeg
修改日期: 2012-8-21 14:41:10
ISO 80
6.3 mm
f/7.1
1/200

图 4-18

P705.jpg - ACDSee Photo Manager 12
文件(F)　编辑(E)　查看(V)　工具(T)　帮助(H)
管理　视图　编辑　在线
编辑工具
融合　标准　不透明度 = 100　Create Selection
曝光
预设值
曝光 = -0.06 eV　-2
自动
对比度　1
填充光线　0
曝光警告　重设
应用　完成　取消
显示上一个
19%
5/22　P705.jpg　2.0 MB　2048x1536x24b jpeg　修改日期: 2012-8-21 14:41:10　ISO 80　6.3 mm　f/7.1　1/200

图 4-19

P705.jpg - ACDSee Photo Manager 12
文件(F)　编辑(E)　查看(V)　工具(T)　帮助(H)
管理　视图　编辑　在线
编辑工具
操作
特殊效果
几何体
旋转
翻转
裁剪
调整大小
曝光 / 照明
曝光
色阶
自动色阶
色调曲线
光线
颜色
白平衡
色彩平衡
曝光
保存　完成　取消
保存更改
你要保存针针对此图像的改变?
你的原始文件将被保护和可还原到最近的.
保存(S)　另存为(A)...　放弃(D)　取消(C)
显示已保存
19%
胶片　上一个　下一个
5/22　P705.jpg　2.0 MB　2048x1536x24b jpeg　修改日期: 2012-8-21 14:41:10　ISO 80　6.3 mm

图 4-20

图 4-21

练习与思考

以“…\素材\图片”中的图片文件为素材进行浏览、批量更名、格式转换和图片处理操作。

任务二 屏幕截图——HyperSnap

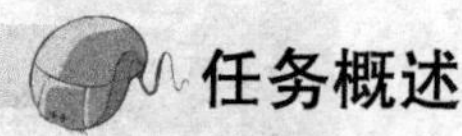

任务概述

HyperSnap 是个屏幕抓图软件工具，它不仅能抓住标准桌面程序，还能抓取视频，能以多种图片文件格式保存并阅读图片。可以用热键或自动计时器从屏幕上抓图。其功能还包括：在所抓的图像中显示鼠标轨迹、收集工具、具有调色板功能并能设置分辨率等。

1. 配置快捷键

①运行 HyperSnap，程序界面如图 4-22 所示。

②选择“捕捉”→“配置热键”命令，如图 4-23 所示。

③在弹出的“屏幕捕捉热键”对话框中配置快捷键，如常用的“捕捉窗口”“捕捉区域”和“多区捕捉”，如图 4-24 所示，单击“关闭”按钮。

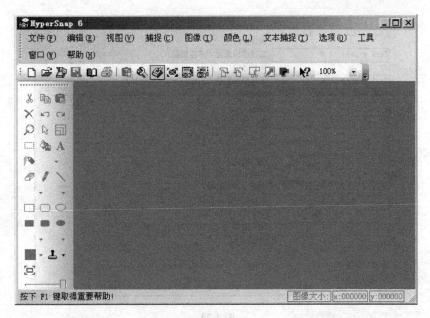

图 4-22

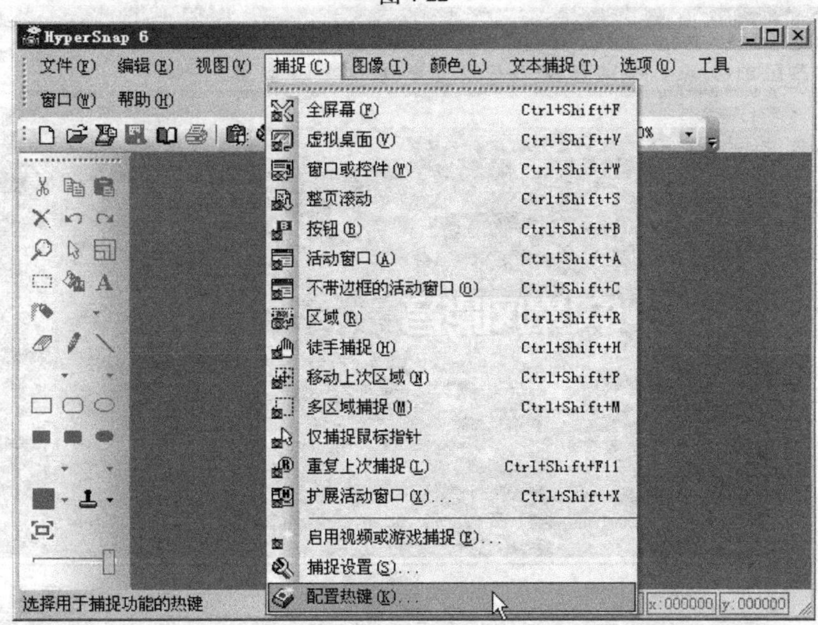

图 4-23

2. 屏幕抓图

①启动 HyperSnap。

②如运行了暴风影音和千千静听，按“F6”键开始捕捉，在暴风影音窗口上单击捕捉该窗口，捕捉到的“暴风影音”窗口如图 4-25 所示。

③按“F3”键，在暴风影音和千千静听窗口上单击，按回车键结束，捕捉多窗口，得到多窗口构成的图片，如图 4-26 所示。

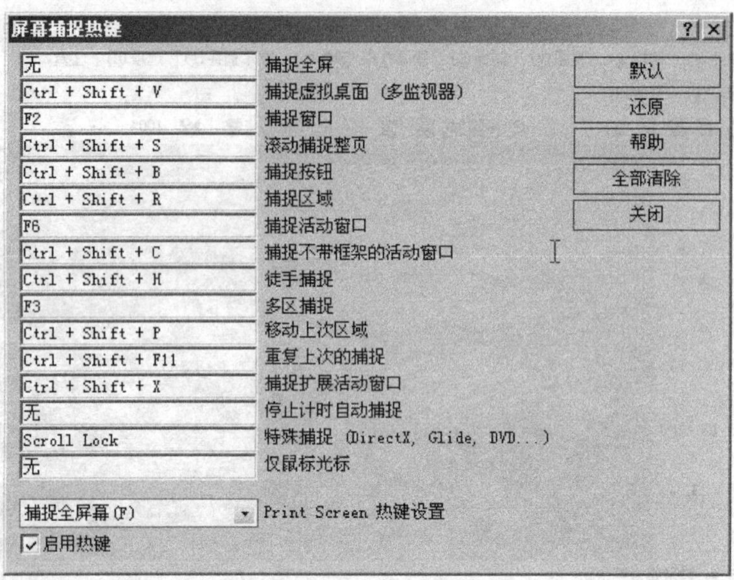
屏幕捕捉热键
无 捕捉全屏
Ctrl + Shift + V 捕捉虚拟桌面（多监视器）
F2 捕捉窗口
Ctrl + Shift + S 滚动捕捉整页
Ctrl + Shift + B 捕捉按钮
Ctrl + Shift + R 捕捉区域
F6 捕捉活动窗口
Ctrl + Shift + C 捕捉不带框架的活动窗口
Ctrl + Shift + H 徒手捕捉
F3 多区捕捉
Ctrl + Shift + P 移动上次区域
Ctrl + Shift + F11 重复上次的捕捉
Ctrl + Shift + X 捕捉扩展活动窗口
无 停止计时自动捕捉
Scroll Lock 特殊捕捉（DirectX, Glide, DVD...）
无 仅鼠标光标
捕捉全屏幕(F) Print Screen 热键设置
启用热键
默认
还原
帮助
全部清除
关闭

图 4-24

HyperSnap 6 - [Snap1 *]
文件(F) 编辑(E) 视图(V) 捕捉(C) 图像(I) 颜色(L) 文本捕捉(T) 选项(O) 工具 窗口(W) 帮助(H)
100%
暴风影音
播放列表
在线视频
暴风影音
BAOFENG.COM
打开文件
准备就绪
算算你的车险能省多少？
按下 F1 键取得重要帮助！
图像大小: x:654 y:421

图 4-25

图 4-26

【做一做】

同时打开 3 个窗口，将 3 个窗口捕捉为一个图片。

3. 图片处理

①捕捉的影片图像，如图 4-27 所示。

②在工具箱中选择“放大”工具，单击可以扩大图像，如图 4-28 所示。

③选择放大工具，右击可以缩小图像，如图 4-29 所示。

④将图片中的文字遮挡。首先在工具箱中单击前景色，鼠标变为吸管工具，在抓取的图像中吸取文字旁边的颜色，如图 4-30 所示。在工具箱中选择“实心矩形”工具，在文字上创建实心矩形，将文字挡住，如图 4-31 所示。

⑤选择“颜色”菜单，从中可以选择设置图像颜色的各种命令，如选择“反转颜色”命令，效果如图 4-32 所示。

练习与思考

(1) 用 QQ 视频聊天时，试用 HyperSnap 软件捕捉视频窗口中对方的图像。

(2) 试用 HyperSnap 软件和摄像头来照相。

(3) 使用 HyperSnap 软件的“文本捕捉”→“文本”功能捕捉桌面图标的文本。

HyperSnap 6 - [Snap3 *]
文件(F) 编辑(E) 视图(V) 捕捉(C) 图像(I) 颜色(L) 文本捕捉(T) 选项(O) 工具 窗口(W) 帮助(H)
100%
暴风影音 P70101.MOV
播放列表
在线视频
P70102.MOV
P70103.MOV
P70104.MOV
P70105.MOV
P70106.MOV
P70107.MOV
P70108.MOV
播放
00:07/00:44
Snap1 *
Snap2 *
Snap3 *
按下 F1 键取得重要帮助!
图像大小: x:654 y:421

图 4-27

HyperSnap 6 - [Snap3 *]
文件(F) 编辑(E) 视图(V) 捕捉(C) 图像(I) 颜色(L) 文本捕捉(T) 选项(O) 工具 窗口(W) 帮助(H)
200%
Snap1 *
Snap2 *
Snap3 *
按下 F1 键取得重要帮助!
图像大小: x:654 y:421

图 4-28

图 4-29

图 4-30

HyperSnap 6 - [Snap3 *]
文件(F) 编辑(E) 视图(V) 捕捉(C) 图像(I) 颜色(L) 文本捕捉(T) 选项(O) 工具 窗口(W) 帮助(H)
100%
全 1× 2×
画 音 字
播放列表 在线视频
P70102.MOV
P70103.MOV
P70104.MOV
P70105.MOV
P70106.MOV
P70107.MOV
P70108.MOV
播放
00:07/00:44
Snap1 * Snap2 * Snap3 *
用所选颜色突显加亮矩形区域，按住 Shift 键则为正方形
鼠标: x:2 y:20

图 4-31

HyperSnap 6 - [Snap3 *]
文件(F) 编辑(E) 视图(V) 捕捉(C) 图像(I) 颜色(L) 文本捕捉(T) 选项(O) 工具 窗口(W) 帮助(H)
100%
暴风影音 P70101.MOV
全 1× 2×
画 音 字
播放列表 在线视频
P70102.MOV
P70103.MOV
P70104.MOV
P70105.MOV
P70106.MOV
P70107.MOV
P70108.MOV
播放
00:07/00:44
免费斗地主赢手机、充值卡
刘欢的家长"惠"
Snap1 * Snap2 * Snap3 *
按下 F1 键取得重要帮助!
图像大小: x:654 y:421

图 4-32

任务三　录制屏幕工具——Camtasia Studio

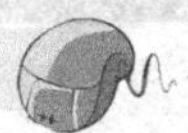

任务概述

Camtasia Studio 是一款录制屏幕动作的工具，它能在任何颜色模式下轻松地记录屏幕动作，包括影像、音效、鼠标移动轨迹、解说声音等，它还具有及时播放和编辑压缩的功能，可对视频片段进行剪辑、添加转场效果。

1. 录制系统设置

在录制视频之前首先设置录制参数，操作步骤如下：

①运行 Camtasia Studio，程序界面如图 4-33 所示。

图 4-33

②单击“录制屏幕”按钮 Record the screen，弹出如图 4-34 所示的录制视频模式，出现录制视频的工具。

③在录制视频模式中选择“Effects”→“Options”命令，弹出“Effects Options”对话框，如图 4-35 所示。

④在弹出的对话框中选择“Sound”选项卡，调整“Volum”滑块，可以设置录制鼠标声音

的大小，如图 4-36 所示。

图 4-34

图 4-35

⑤选择“Cursor”选项卡，在“Highlight cursor”组中将“Size”滑块调整到最左端，表示应用该鼠标效果；在“Highlight mouse clicks”组中设置 Left 和 Right 的“Size”滑块的位置，如图 4-37所示，单击“OK”按钮。

⑥选择“Effects”→“Sound”→“Mouse Click Sounds”命令，激活光标声音，如图 4-38 所示。

⑦选择“Effects”→“Highlight Clicks”命令，激活光标的高显示，如图 4-39 所示。

⑧选择“Tools”→“Options”命令，弹出“Tools Options”对话框，如图 4-40 所示。

⑨在弹出的“Tools Options”对话框中选择“Capture”选项卡，在“File”选项组中选择“Save as .avi”单选按钮，表示录制屏幕输出的文件格式为 avi 格式，如图 4-41 所示。

⑩单击“Audio”选项卡，在“Device”列表框中选择“麦克风”，调整麦克风的音量，如图 4-42所示，最后单击“OK”按钮。

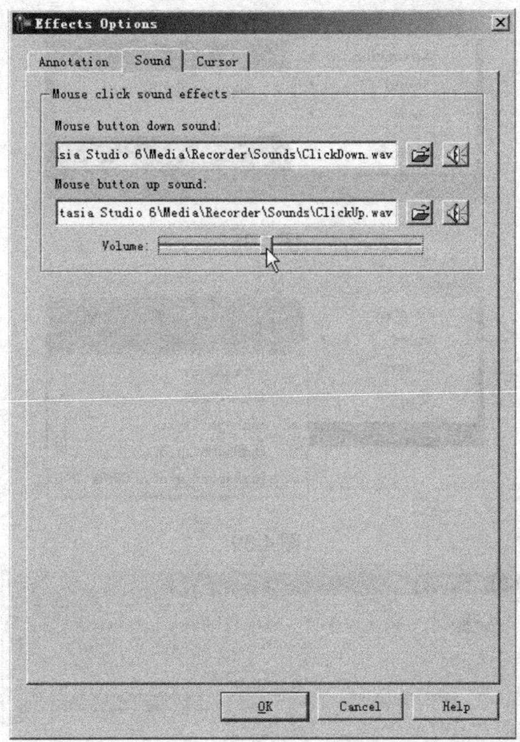
Effects Options
Annotation
Sound
Cursor
Mouse click sound effects
Mouse button down sound:
sia Studio 6\Media\Recorder\Sounds\ClickDown.wav
Mouse button up sound:
tasia Studio 6\Media\Recorder\Sounds\ClickUp.wav
Volume:
OK
Cancel
Help

图 4-36

图 4-37

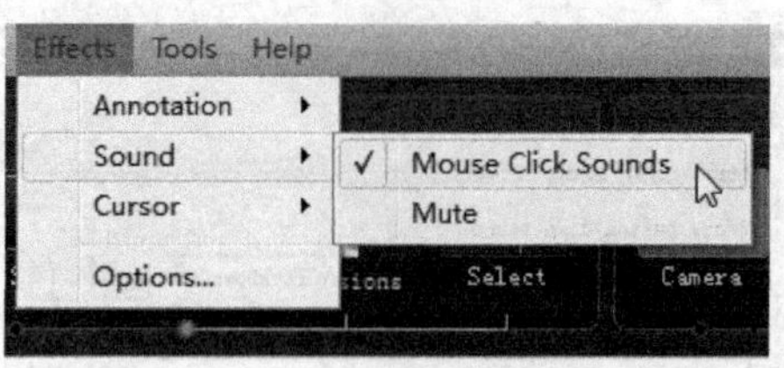

图 4-38

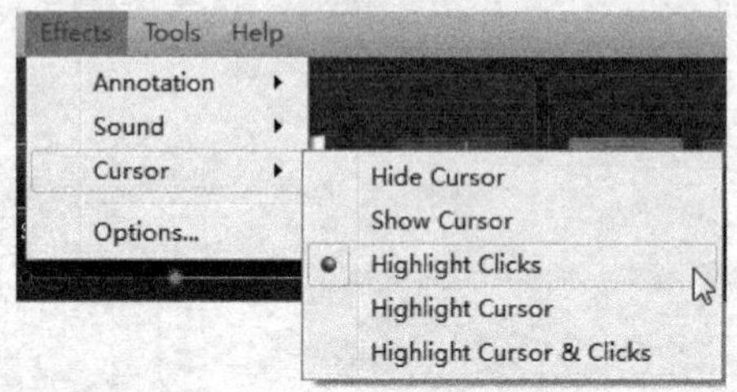

图 4-39

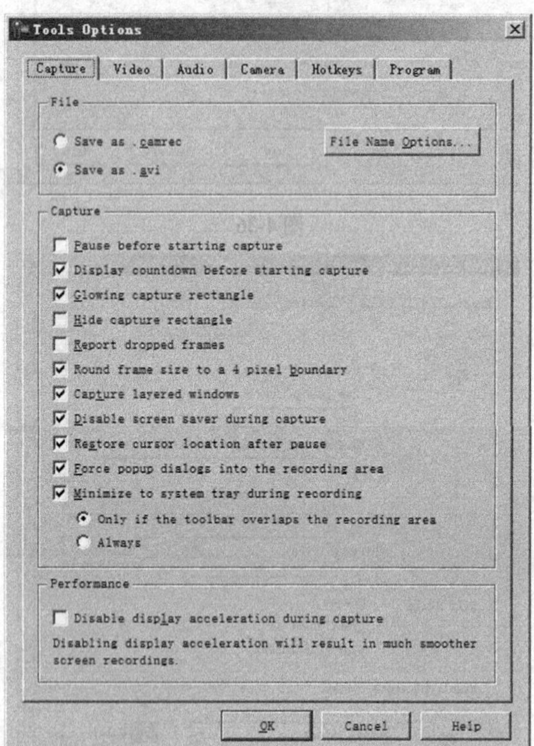

图 4-40

Tools Options
Capture
Video
Audio
Camera
Hotkeys
Program
File
Save as .camrec
Save as .avi
File Name Options...
Capture
Pause before starting capture
Display countdown before starting capture
Glowing capture rectangle
Hide capture rectangle
Report dropped frames
Round frame size to a 4 pixel boundary
Capture layered windows
Disable screen saver during capture
Restore cursor location after pause
Force popup dialogs into the recording area
Minimize to system tray during recording
Only if the toolbar overlaps the recording area
Always
Performance
Disable display acceleration during capture
Disabling display acceleration will result in much smoother screen recordings.
OK
Cancel
Help

图 4-41

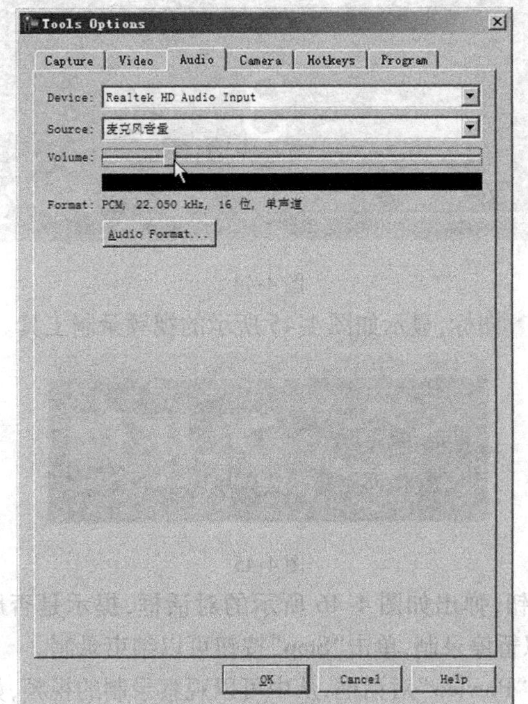

Tools Options
Capture
Video
Audio
Camera
Hotkeys
Program
Device: Realtek HD Audio Input
Source: 麦克风音量
Volume:
Format: PCM, 22.050 kHz, 16 位, 单声道
Audio Format...
OK
Cancel
Help

图 4-42

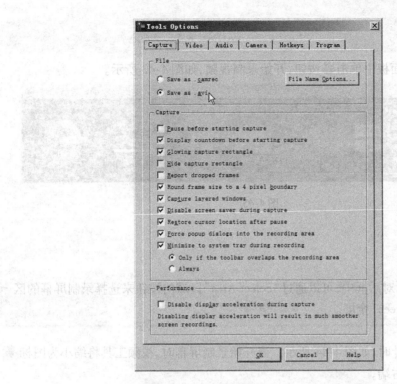

2. 录制屏幕

①在视频录制的面板中单击rec按钮，开始录制视频，如图4-43所示。

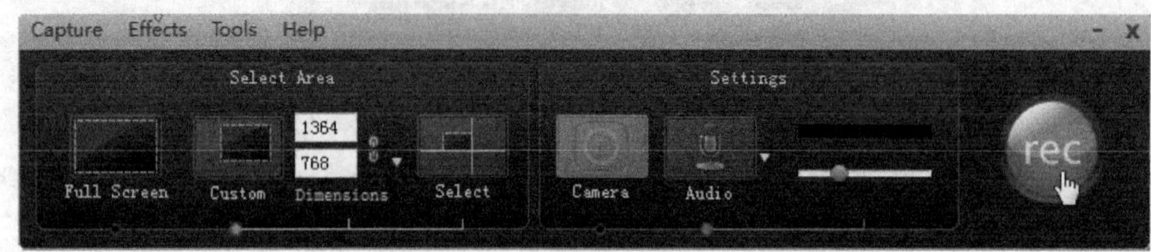

图4-43

友情提示

在图4-43所示对话框中，可以通过“Select Area”区域的按钮来选择录制屏幕的区域，默认为“Full Screen”全屏。

②录制视频的倒计时，如图4-44所示。当开始录制屏幕时，视频工具将缩小为图标，显示在桌面任务栏的右端。

图4-44

③双击屏幕右侧的图标，显示如图4-45所示的视频录制工具。

图4-45

④单击“Restart”按钮，弹出如图4-46所示的对话框，提示是否删除录制的视频片段。单击“Resume”按钮可以暂停录制，单击“Stop”按钮可以结束录制。

⑤结束录制后弹出“Preview”对话框，从中可以观察录制的视频，如图4-47所示。

⑥在“Preview”对话框中单击“Save”按钮，在弹出的对话框中选择存储位置，为文件命名，确定其保存类型为.avi，单击“保存”按钮，如图4-48所示。

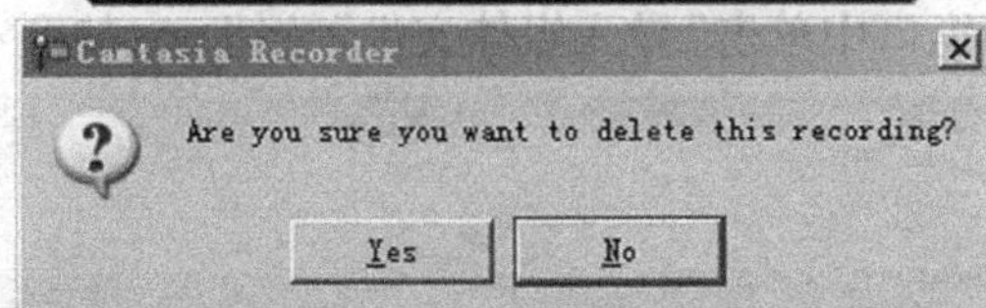

图 4-46

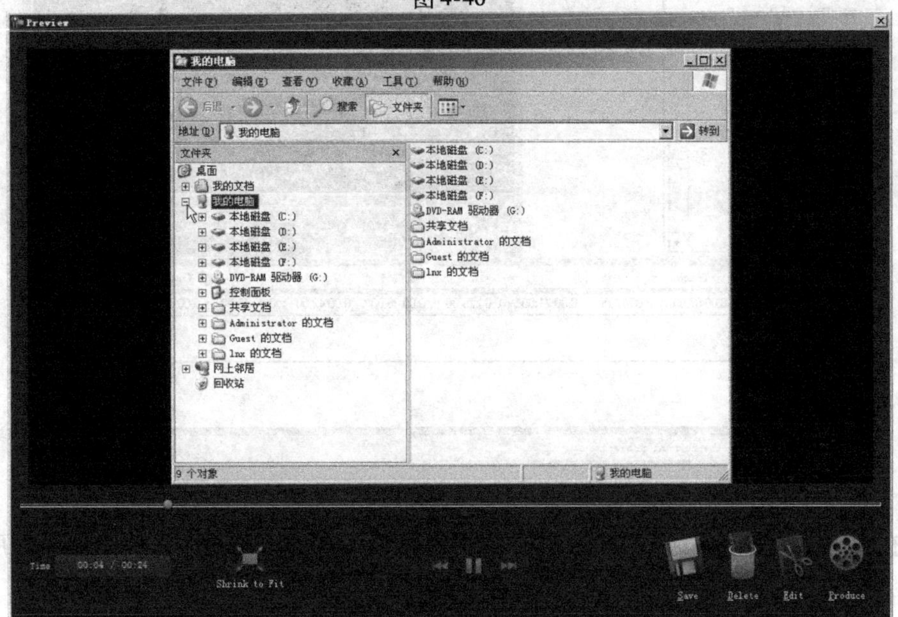

图 4-47

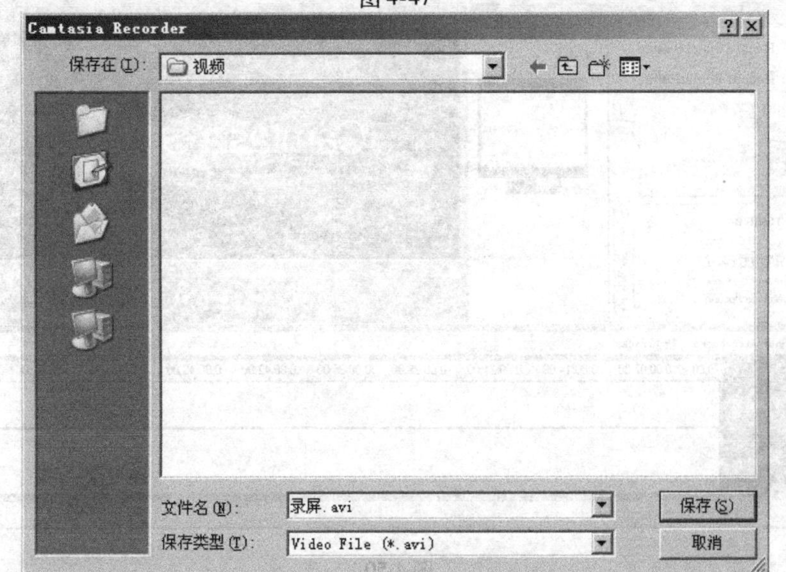

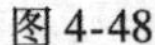

图 4-48

3. 编辑录制的视频

录制的视频可以使用视频编辑软件进行后期处理，也可以使用 Camtasia Studio 自带的编辑功能进行后期处理，操作步骤如下：

①在 Camtasia Studio 窗口中单击“导入媒体文件”按钮，如图 4-49 所示。

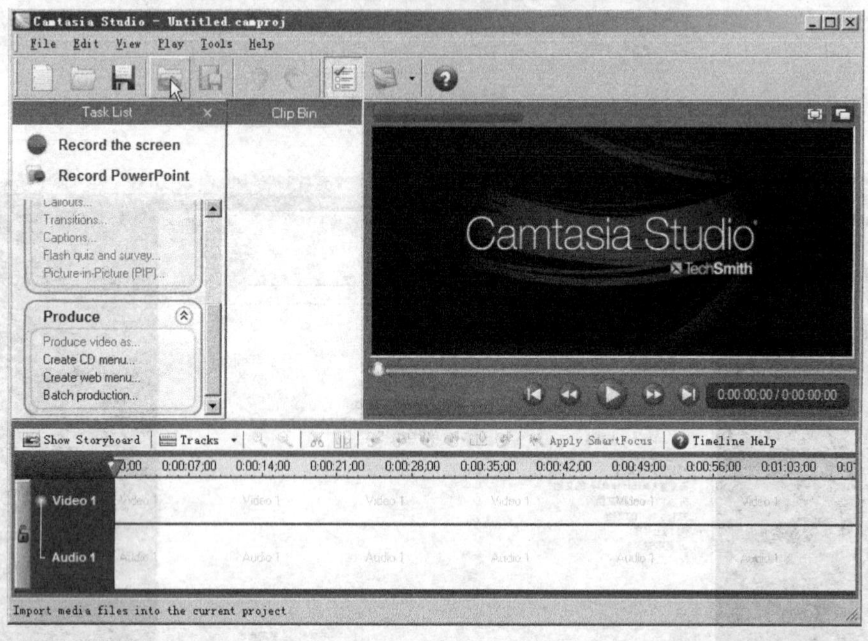

图 4-49

②在弹出的“打开”对话框中选择需要编辑的录制视频，打开的视频文件如图 4-50 所示。

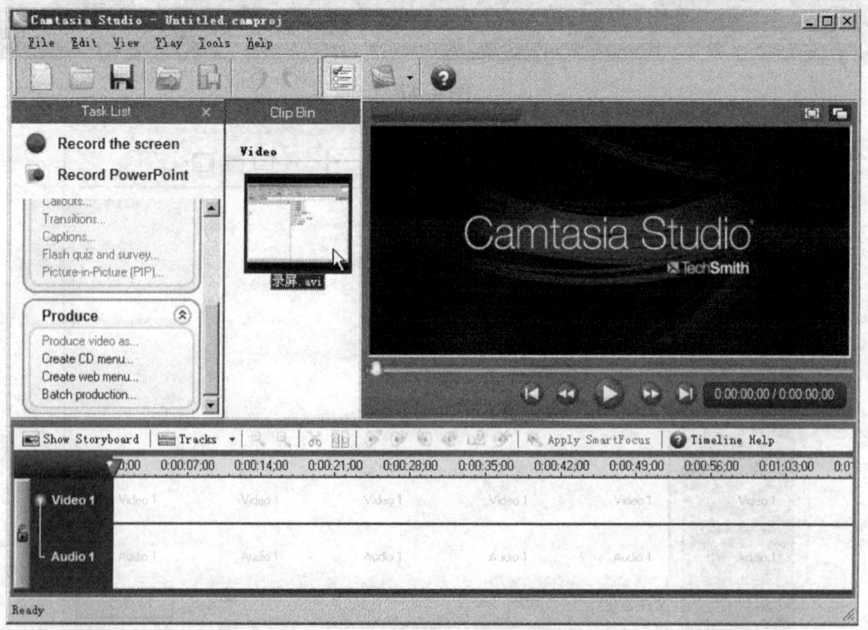

图 4-50

③将视频文件拖放到时间轴上,对其进行编辑,如图 4-51 所示。

图 4-51

友情提示

使用时间轴上的按钮放大或缩小时间轨迹。

④选择时间轴中的时间轨迹,选择时间轴上的“剪切区域”工具,可以将选择的时间轨迹删除,如图 4-52 所示。

⑤选择部分时间轨迹区域,在时间轴上的工具栏中单击“淡入”工具、“淡出”工具等,对选择的时间轨迹设置声音的效果。

⑥单击“音频增强”按钮,打开“音频增强”面板,可以消除噪声,如图 4-53 所示。

⑦如果在录制视频的过程中漏掉一段视频或者想在其中插入一段视频的话,将时间线放置到需要插入视频的位置,在工具栏中单击“剪辑”按钮,将其分段,如图 4-54 所示,然后在此插入一段视频。

友情提示

如果时间轴左端的按钮呈状,为锁定状态,不能进行剪辑操作,需要单击一次,将其变为状。

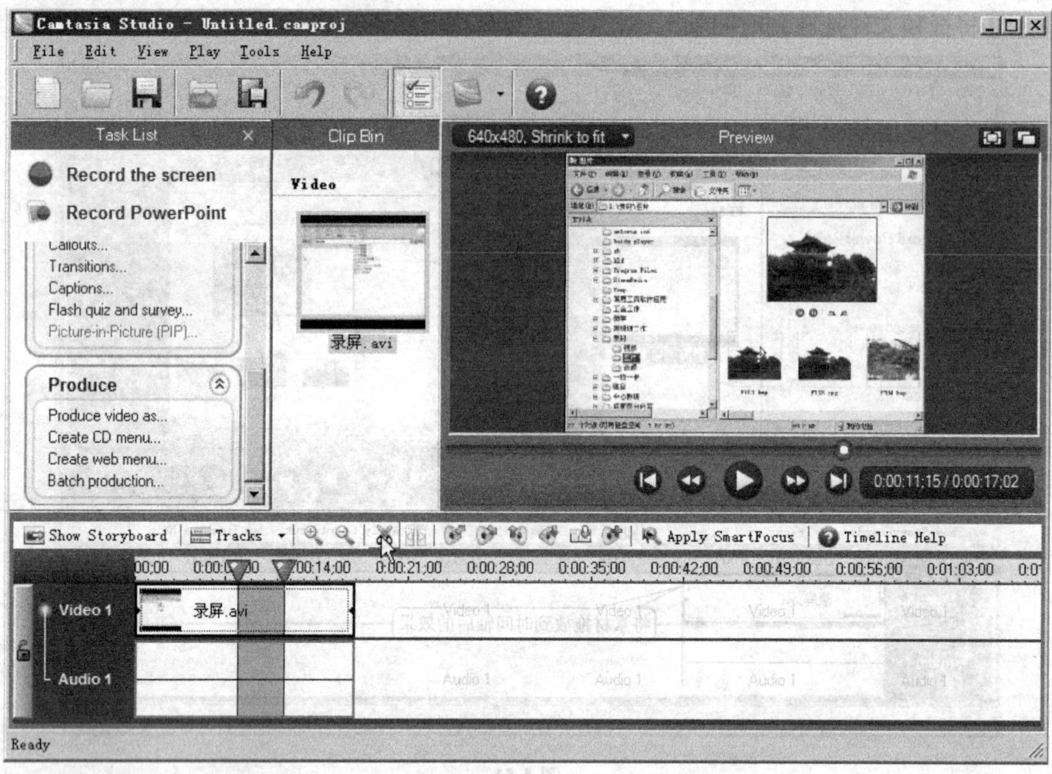
Camtasia Studio - Untitled.camproj
File Edit View Play Tools Help
Task List
Record the screen
Record PowerPoint
Callouts...
Transitions...
Captions...
Flash quiz and survey...
Picture-in-Picture (PIP)...
Produce
Produce video as...
Create CD menu...
Create web menu...
Batch production...
Clip Bin
Video
录屏.avi
640x480, Shrink to fit
Preview
0:00:11;15 / 0:00:17;02
Show Storyboard
Tracks
Apply SmartFocus
Timeline Help
Video 1
Audio 1
Ready

图 4-52

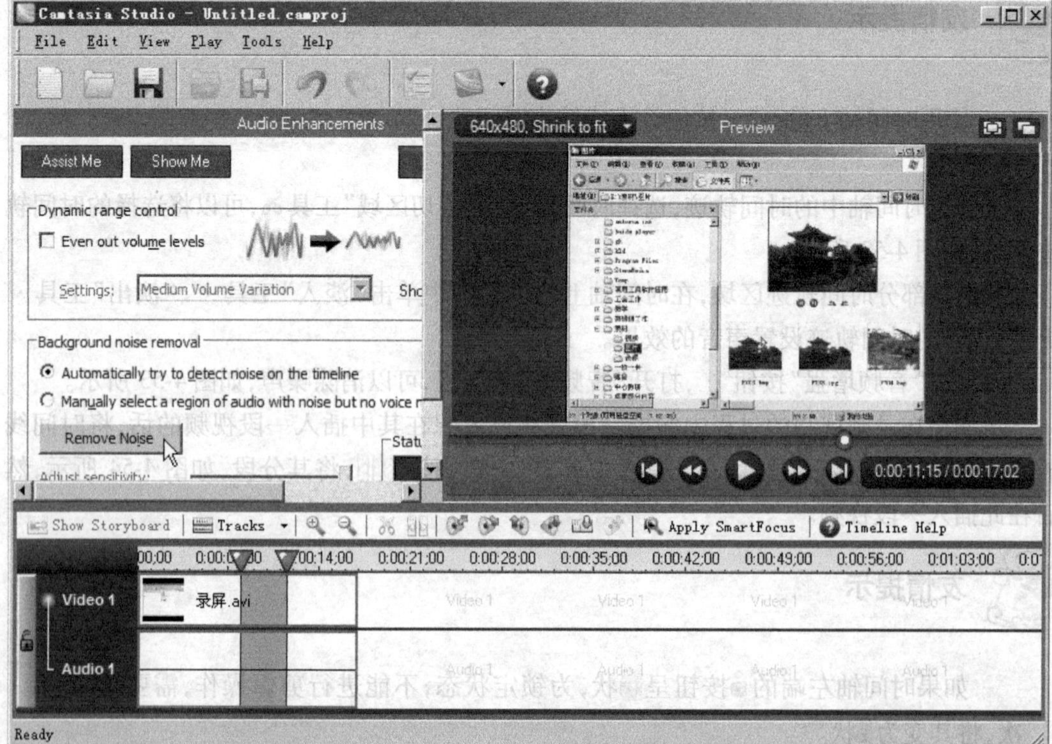
Camtasia Studio - Untitled.camproj
File Edit View Play Tools Help
Audio Enhancements
Assist Me
Show Me
Dynamic range control
Even out volume levels
Settings:
Medium Volume Variation
Background noise removal
Automatically try to detect noise on the timeline
Manually select a region of audio with noise but no voice
Remove Noise
640x480, Shrink to fit
Preview
0:00:11;15 / 0:00:17;02
Show Storyboard
Tracks
Apply SmartFocus
Timeline Help
Video 1
Audio 1
Ready

图 4-53

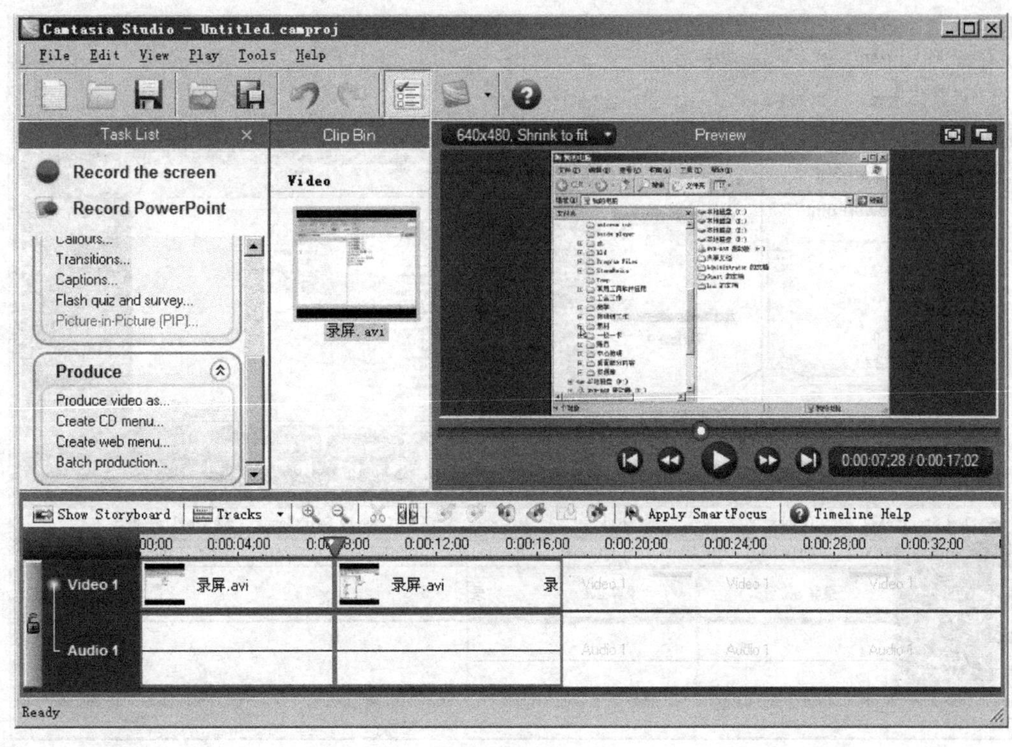

图 4-54

【做一做】

(1)单击时间轴左端的🔓按钮,将其变为🔒状,试一试,还能否进行剪辑操作?

(2)再导入一段视频,将其拖放到图图 4-54 所示的两段视频之间。

⑧为已经录制的视频添加语音旁白。在"任务列表"中单击"语音旁白"超链接,如图 4-55所示。在弹出的"旁白"面板的"录制轨道"选项组中选择"Audio2"单选按钮,否则就会替换原始的声音"Audio1",如图 4-56 所示。单击"开始录制"按钮 Start Recording,即可录制语音。

⑨录制旁白中,如图 4-57 所示,单击"停止录制"按钮 Stop Recording,停止录制,弹出"Save Narration As"对话框,设置保存的路径和文件名,然后单击"保存"按钮,如图 4-58 所示。

⑩在"旁白"面板中单击"完成"按钮,添加旁白后如图 4-59 所示。

4. 输出剪辑后的视频

①在"预览"窗格中选择" 640x480, Shrink to fit "→" Project Settings... "命令进行项目设置,如图 4-60 所示。

②在弹出的"项目设置"对话框中的"预设"下拉列表框中选择"自定义"选项,设置需要设置的屏幕显示大小,单击"确定"按钮,如图 4-61 所示。

③在"任务列表"中选择"生成"选项组中的"生成视频为"超链接,如图 4-62 所示,在弹出的"生成向导"对话框中选择"自定义生成设置"选项,单击"下一步"按钮。

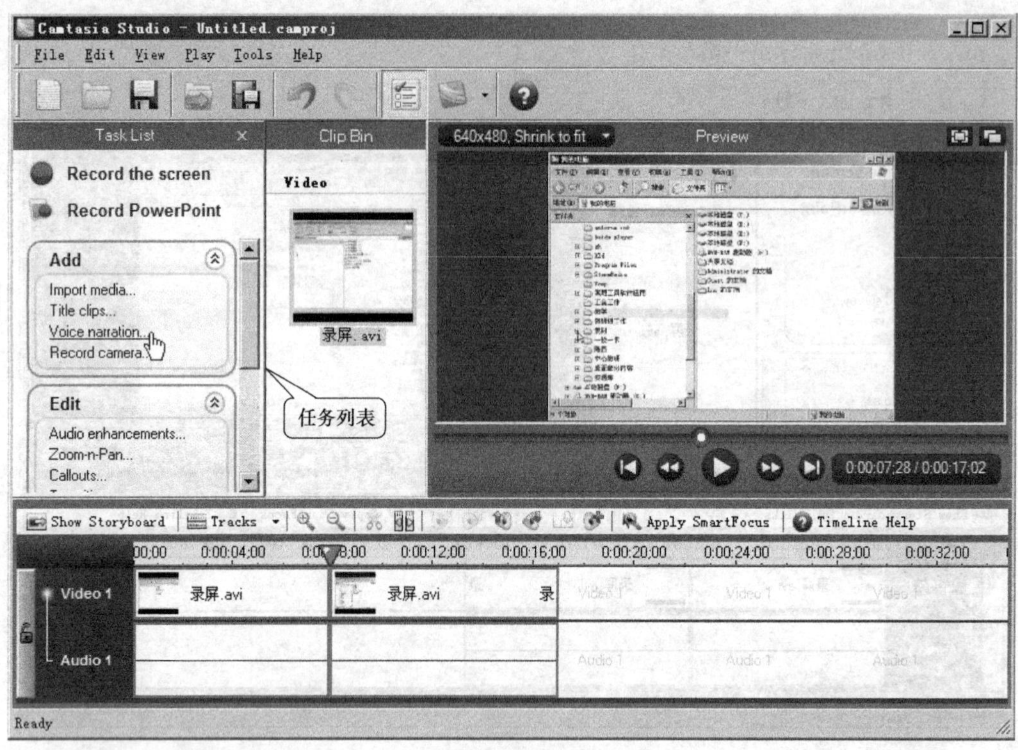

图 4-55

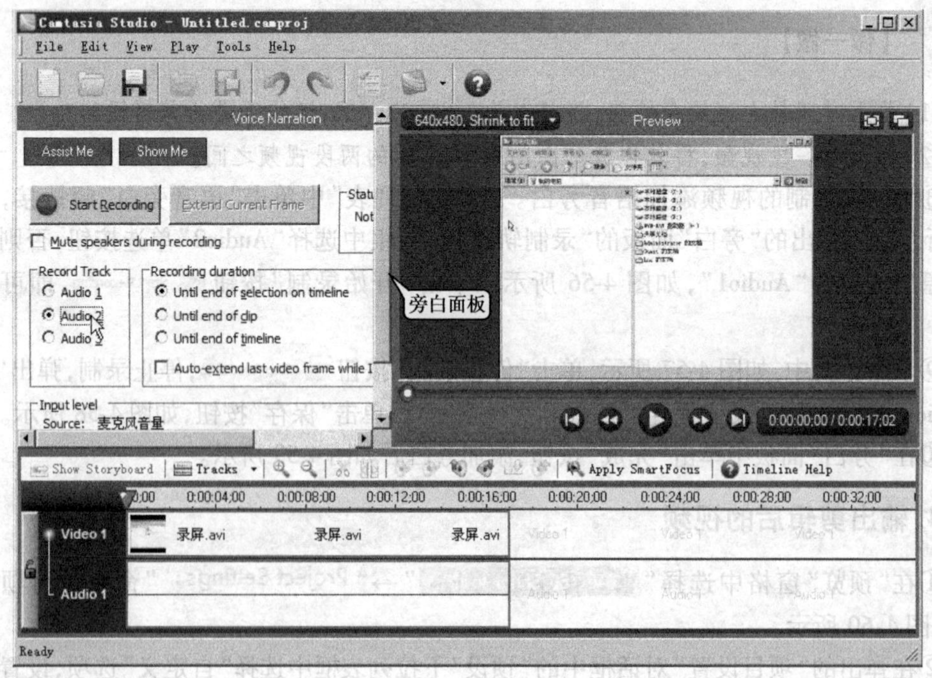

图 4-56

④在弹出的“Production Wizard”对话框中选择需要生成的视频文件格式，如图 4-63 所示。这里选择 AVI 视频文件格式，单击“下一步”按钮。

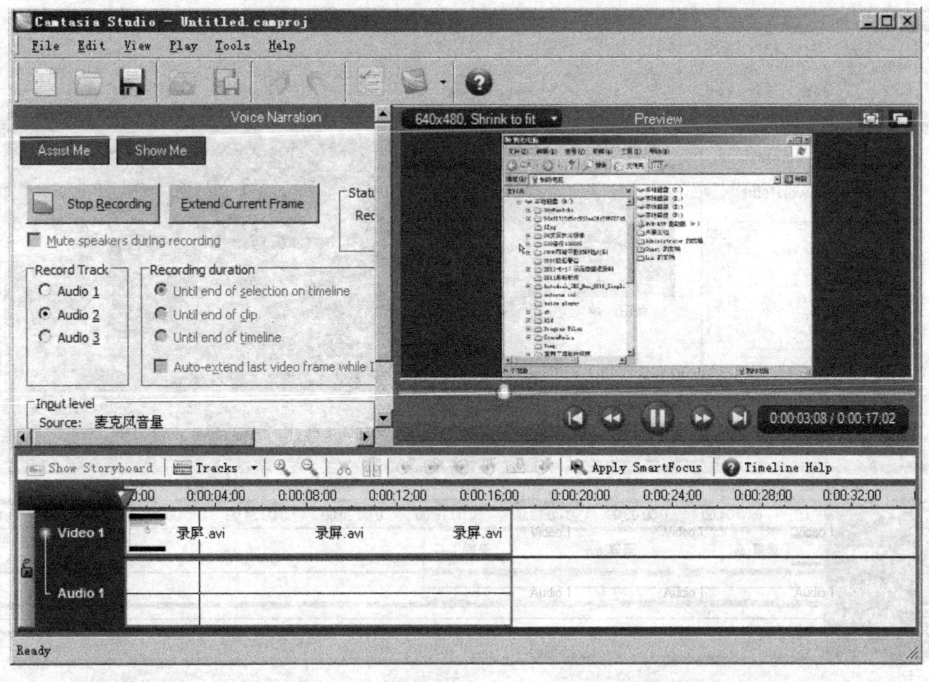

图 4-57

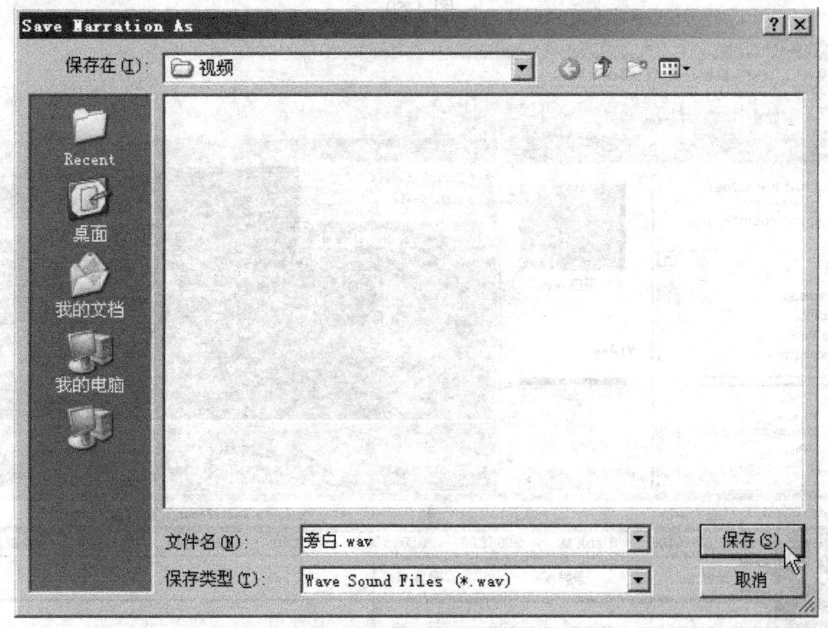

图 4-58

⑤在“AVI 编码选项”界面中根据需要进行设置，单击“下一步”按钮，如图 4-64 所示。

⑥在“视频大小”界面中根据需要进行设置，单击“下一步”按钮，如图 4-65 所示。

⑦在“视频选项”界面中根据需要进行设置，单击“下一步”按钮，如图 4-66 所示。

⑧在“标记选项”界面中根据需要进行设置，单击“下一步”按钮，如图 4-67 所示。

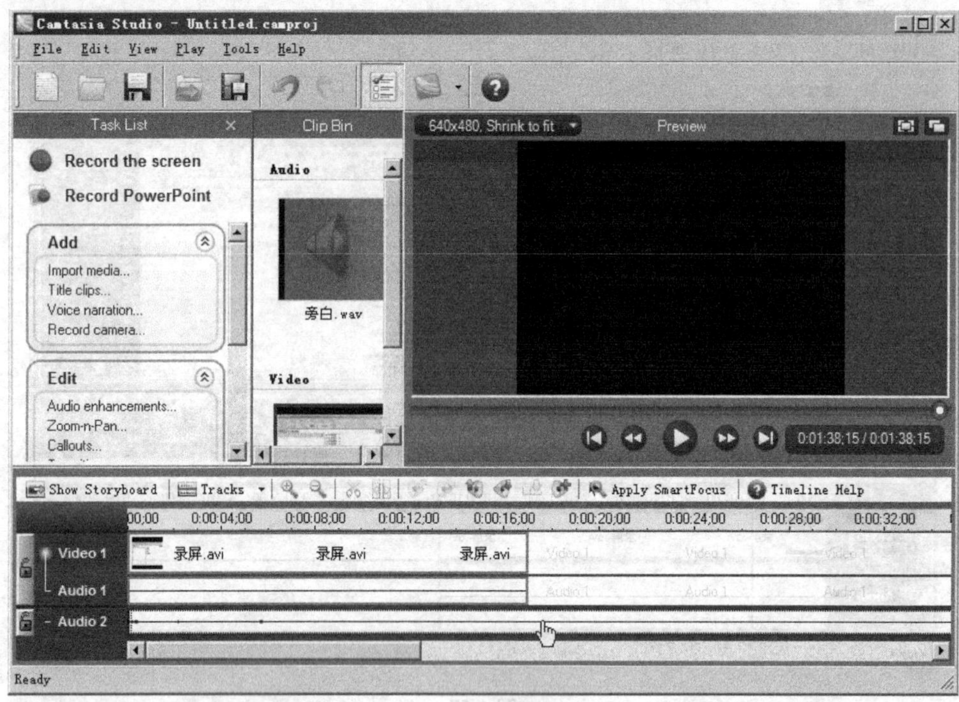

图 4-59

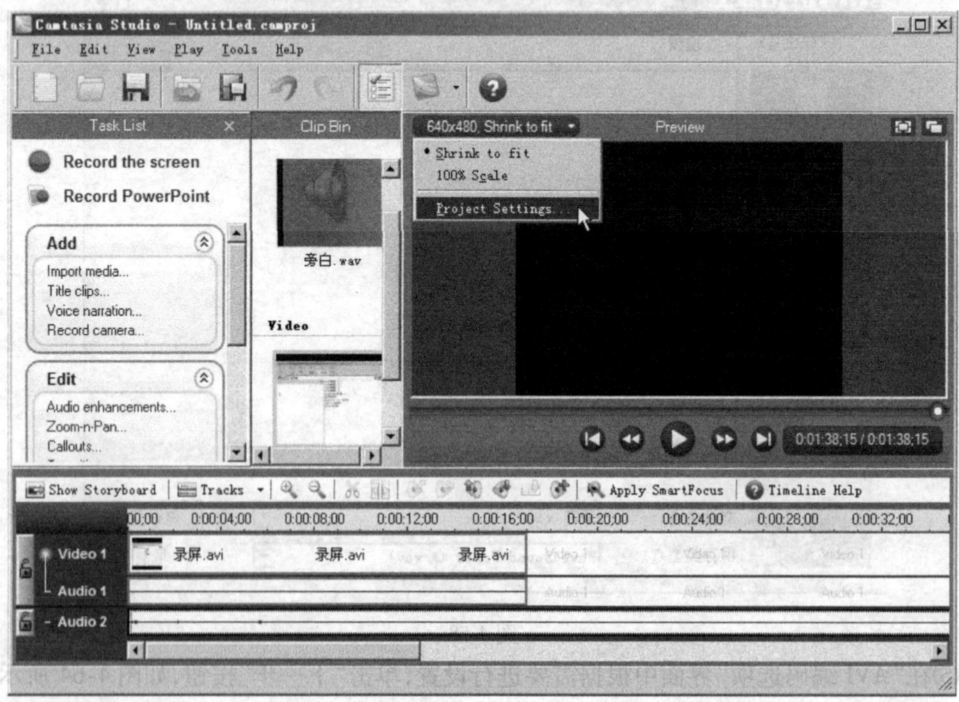

图 4-60

⑨在“生成预览”界面中根据需要进行设置，单击“完成”按钮，如图 4-68 所示。图 4-69 所示为正在渲染的项目。

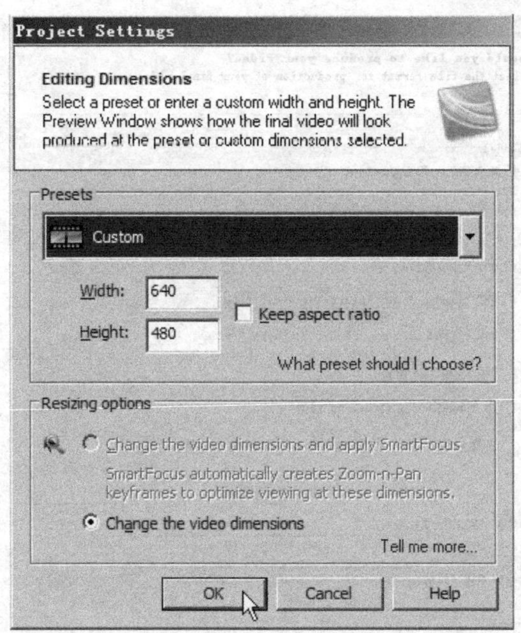

图 4-61

图 4-62

⑩渲染完成后弹出播放器窗口，如图 4-70 所示，并弹出“Production Results”对话框，单击“完成”按钮，如图 4-71 所示。

⑪单击“File”→“Save Project”保存工程文件以便修改，如图 4-72 所示。

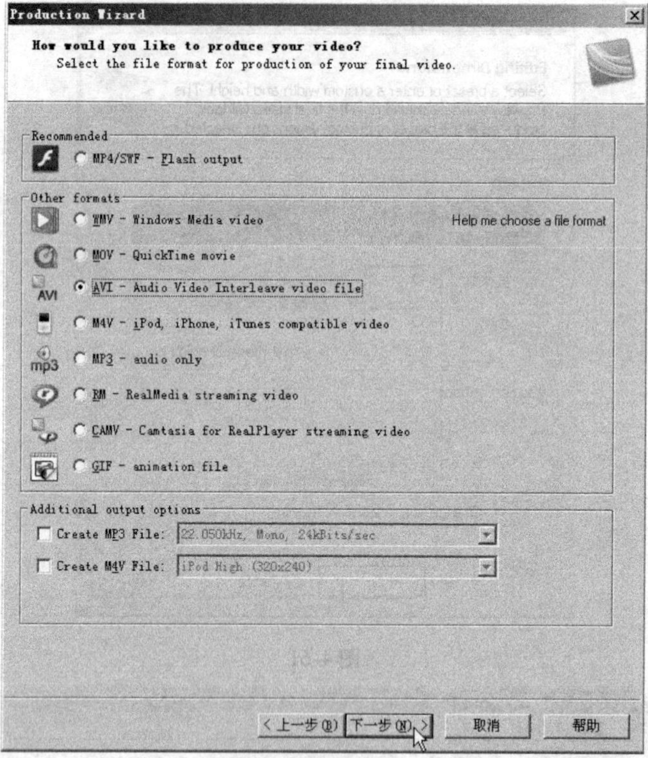

图 4-63

Production Wizard
AVI Encoding Options
Select the settings for saving your video. The Automatic settings preserve the highest quality for your produced video.
Video
Colors: Automatic
Frame rate: Automatic
Video Compression...
Audio
Encode audio
Audio Format...
Details
Video Codec: TechSmith Screen Capture Codec
Colors: True Color+ (32-bit)
Frame Rate: 15
Size: 648x488
Audio Codec: PCM (uncompressed audio)
Audio Format: 22050Hz, 16 Bit, Mono, 43KB/s
Preview
< 上一步(B)
下一步(N) >
取消
帮助

图 4-64

Production Wizard
Video Size
Select the size of the video to produce.
Video size
Largest video size:
648x488
Preset video siz
640x480
Standard video size:
80x60
Custom size:
Width:
640
Maintain aspect ratio
Height:
480
Background Color...
Warning: Changing the size of the video will degrade the image quality in the
File size
Disable Callout fade effects to reduce file size
Use Instant Zoom-n-Pan speed to reduce file size
Preview
< 上一步(B)
下一步(N) >
取消
帮助

图 4-65

Production Wizard
Video Options
Choose the options below to customize the content of your production.
Video info
Use this option to add author and copyright information to your video file.
Options...
Reporting
Produce a packaged e-Learning lesson with your video.
SCORM
Options...
Watermark
Include watermark
Options...
Preview
Image Path:
D:\Program Files\TechSmith\Camtasia Studio 6\Media\Studio\Im
HTML
Use this option to create a web page with your video embedded for easy web production.
Embed Video into HTML
Options...
Preview
< 上一步(B)
下一步(N) >
取消
帮助

图 4-66

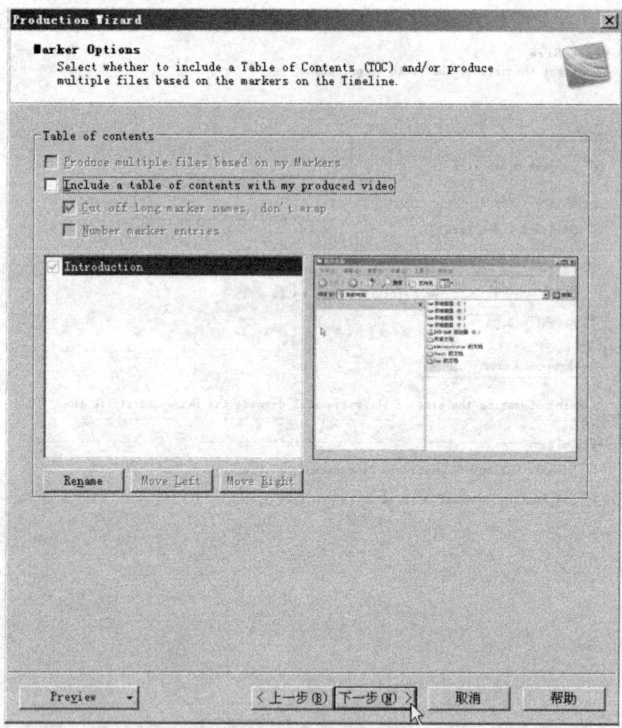

图 4-67

Production Wizard
Produce Video
Select the output location and optional upload options. Click Finish to produce your video.
Output file
Production name:
Untitled
Folder:
D:\My Documents\Camtasia Studio
Organize produced files into sub-f
Post production options
Show production results
Play video after production (before
Upload to Screencast.com
Upload video to Screencast What is Screencast.com?
Screencast.com
TechSmith
Upload by FTP
Upload video by FTP
These files will be created upon production:
Folder:
D:\My Documents\Camtasia Studio\Untitled\
Files:
Untitled.avi
Preview
< 上一步(B)
完成
取消
帮助

图 4-68

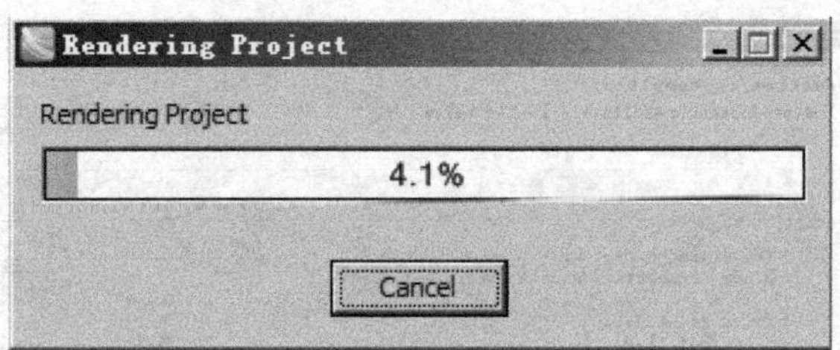
Rendering Project
Rendering Project
4.1%
Cancel

图 4-69

Untitled.avi - Camtasia Player
File Play Help
图片
文件(F) 编辑(E) 查看(V) 收藏(A) 工具(T) 帮助(H)
后退 搜索 文件夹
地址(D) E:\素材\图片
转到
文件夹
autorun.inf
baidu player
gh
kld
Program Files
StormMedia
Temp
常用工具软件应用
工会工作
教学
教研组工作
素材
视频
图片
音频
一校一卡
账目
中心教研
桌面部分内容
P703.jpg
P704.bmp
P704.jpg
尺寸: 2048 x 1536 相片拍照日期: 2012-8-12 9:39 摄影机型号: DSC-W50 2.35 MB
我的电脑
Playing
00:14/01:38

图 4-70

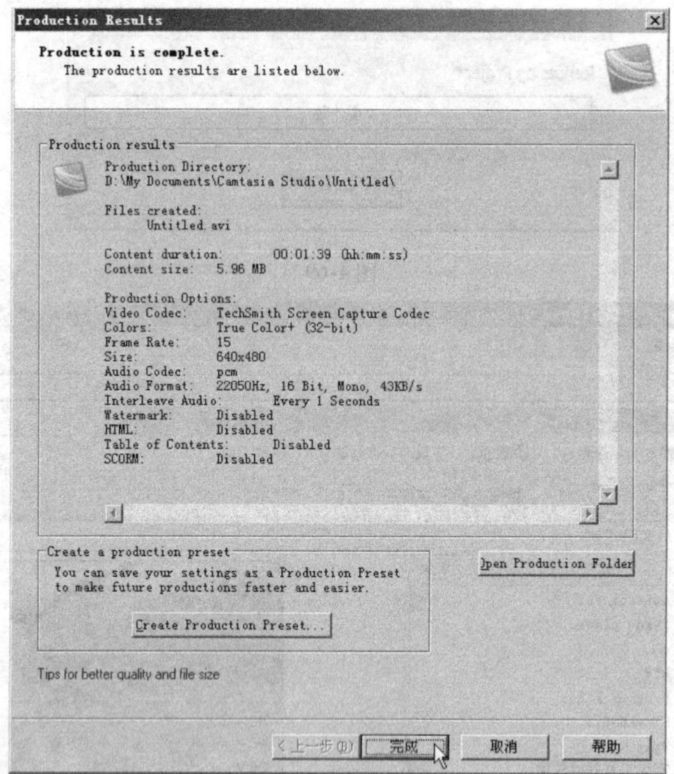

Production Results
Production is complete.
The production results are listed below.
Production results
Production Directory:
D:\My Documents\Camtasia Studio\Untitled\
Files created:
Untitled.avi
Content duration: 00:01:39 (hh:mm:ss)
Content size: 5.96 MB
Production Options:
Video Codec: TechSmith Screen Capture Codec
Colors: True Color+ (32-bit)
Frame Rate: 15
Size: 640x480
Audio Codec: pcm
Audio Format: 22050Hz, 16 Bit, Mono, 43KB/s
Interleave Audio: Every 1 Seconds
Watermark: Disabled
HTML: Disabled
Table of Contents: Disabled
SCORM: Disabled
Create a production preset
You can save your settings as a Production Preset to make future productions faster and easier.
Create Production Preset...
Open Production Folder
Tips for better quality and file size
< 上一步(B)
完成
取消
帮助

图 4-71

Camtasia Studio - Untitled.camproj
File Edit View Play Tools Help
New Project... Ctrl+N
Open Project... Ctrl+O
Recent Projects
Recent Recordings
Save Project Ctrl+S
Save Project As...
Save Audio As... Ctrl+U
Save Frame As... Ctrl+F
Export Project As Zip...
Import Zipped Project...
Make a Recording Ctrl+R
Record PowerPoint
Record Camera...
Import Media... Ctrl+I
Project Settings...
Produce Video As... Ctrl+P
Produce Selection As...
Batch Production...
Pack and Show...
Upload To
Project Information...
Exit
Clip Bin
旁白.wav
640x480, Shrink to fit
Preview
0:01:38;15 / 0:01:38;15
Apply SmartFocus
Timeline Help
0:01:12;00
0:01:16;00
0:01:20;00
0:01:24;00
0:01:28;00
0:01:32;00
0:01:36;00
Save the current project

图 4-72

【做一做】

观察保存时弹出的"另存为"对话框,请记录工程文件的扩展名。

练习与思考

录制新建一个 Word 文档的操作过程,并配旁白,然后进行编辑。

安全防护工具

模块概述

随着计算机在人们日常生活中的应用越来越广泛,计算机的安全问题逐渐受到大家的重视。在享受计算机带来的种种便利的同时,也会遇到病毒攻击,垃圾信息,个人资料被泄露、盗用等诸多问题,给用户利益造成损害。

要保证自己计算机的安全,我们一方面要有安全意识,养成良好的使用习惯;另一方面,我们也可以通过安装安全防护的相关软件来提高计算机安全性。

通过本模块的学习,应达到以下目标:

◆会使用与设置杀毒软件;
◆会使用与设置防火墙;
◆能使用“宏杰文件加密”对文件(夹)进行加密与解密;
◆能使用“个人空间”建立加密盘。

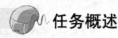

任务一　杀毒软件——瑞星杀毒软件 2011

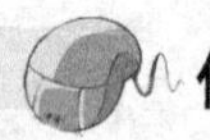

任务概述

一般来说，我们面对的主要安全问题是计算机病毒和木马程序。

计算机病毒是一种人为制造对计算机信息或系统起破坏作用的程序，具有破坏性、传染性、潜伏性等特点。

瑞星杀毒软件 2011 是基于瑞星"智能云安全"系统设计，借助瑞星全新研发的虚拟化引擎，能够对木马、后门、蠕虫等恶意程序进行极速智能查杀，为用户上网提供智能化的整体上网安全解决方案。

1. 查杀病毒

启动瑞星杀毒软件，单击"杀毒"选项卡，其中包含 3 个操作选项，如图 5-1 所示。

图 5-1

- 快速查杀可以扫描系统内存、系统文件夹、开始菜单启动文件夹等重要并且容易被病毒潜伏的地方，发现病毒并查杀。
- 全面杀毒则是扫描整个硬盘以及系统内存。

• 自定义杀毒允许用户根据自己需要选择查杀范围。

单击相应选项即开始杀毒,用户可以看到查杀结果,查杀结果分为“病毒”和“可疑文件”,如图 5-2 所示。其中“可疑文件”是指具有病毒特征,但软件无法确认的文件,用户可以根据提示选择处理方式。

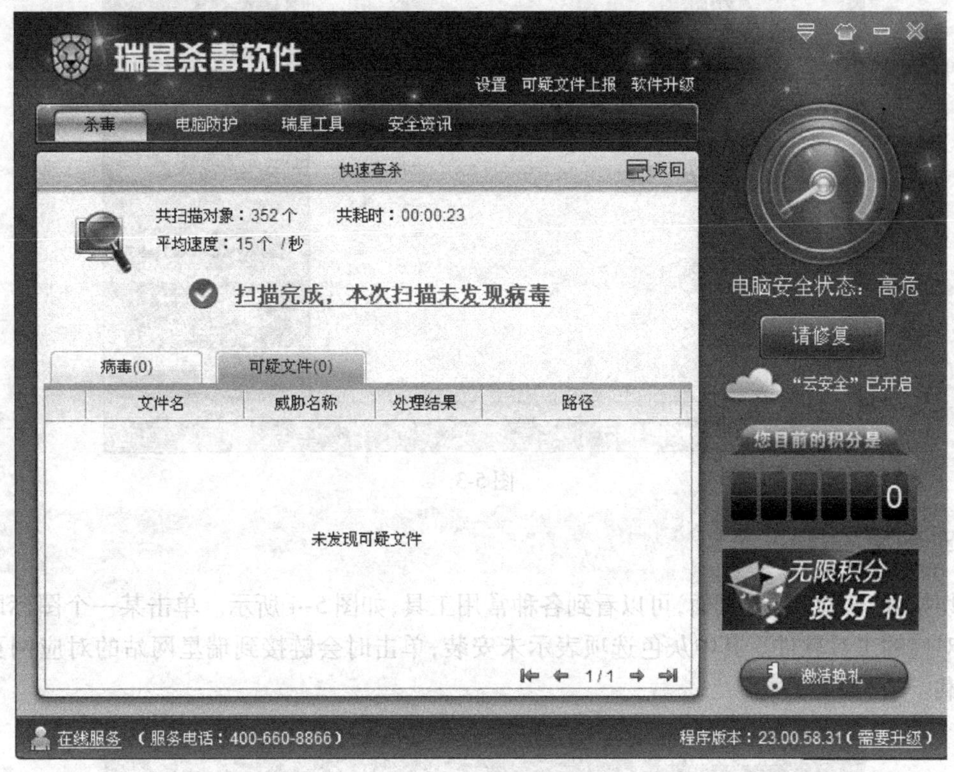

图 5-2

【做一做】

尝试对 C 盘进行快速扫描。

2. 计算机防护

启动瑞星杀毒软件,切换到“电脑防护”页面,可以看到杀毒软件包含的各种防护功能,如图 5-3 所示。

友情提示

每一个防护项目开启时都会占用一定的系统资源,因此用户最好根据自己的使用习惯对计算机进行调整。

图 5-3

3. 瑞星工具

切换到“瑞星工具”页面，可以看到各种常用工具，如图 5-4 所示。单击某一个图标即可打开对应的工具软件。其中灰色选项表示未安装，单击时会链接到瑞星网站的对应网页进行下载。

图 5-4

4. 配置瑞星杀毒软件

杀毒软件能否发挥作用，与用户所做的设置息息相关，因此，无论我们使用什么杀毒软件，在安装完成之后，不要急于使用，应当先对杀毒软件进行配置，才能达到预定的查杀效果。

单击主界面上方的“设置”按钮，或者右击桌面右下方提示栏中的瑞星图标，在弹出的快捷菜单中选择“详细设置”，如图5-5所示，打开软件的配置界面。

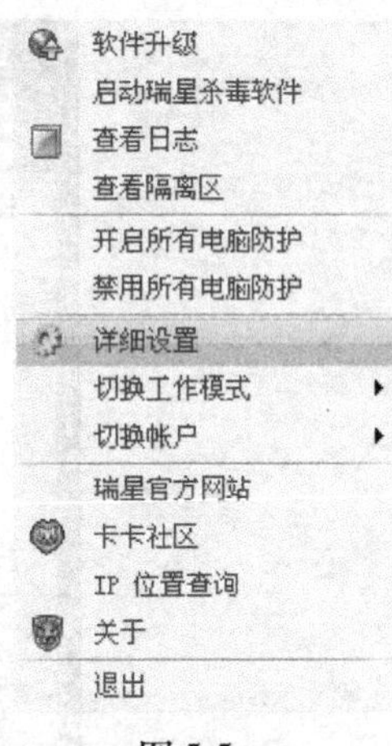

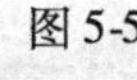
图5-5

(1)查杀设置

单击设置界面左侧的“查杀设置”选项，可以分别对“快速查杀”“全面杀毒”“自定义杀毒”进行配置，可以根据提示调整“杀毒引擎级别”，选择发现病毒后的处理方式，如图5-6所示。

如果要进一步设置，可以单击“自定义”按钮，如图5-7、图5-8所示。

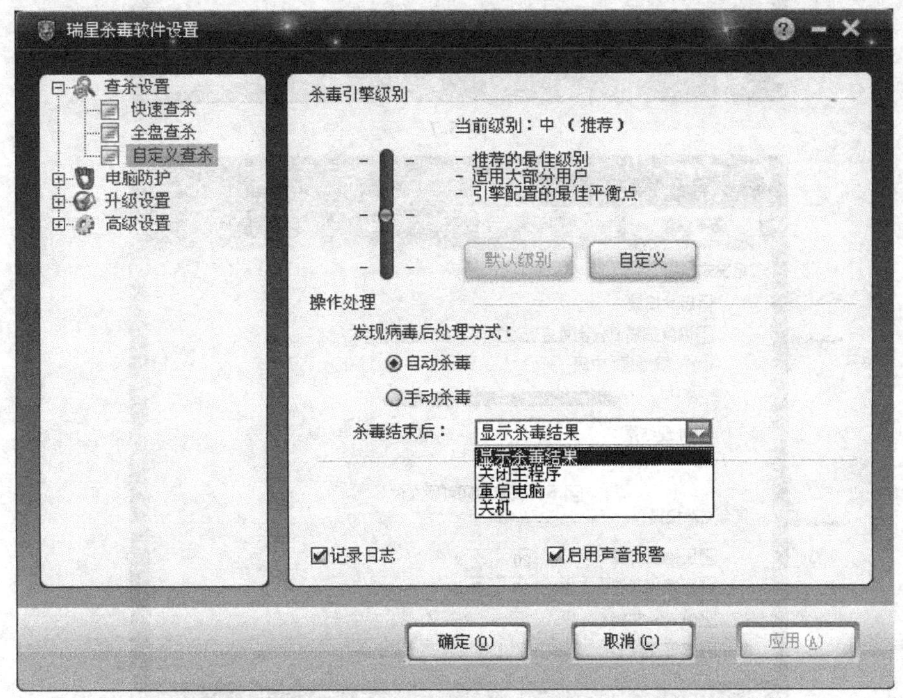

图5-6

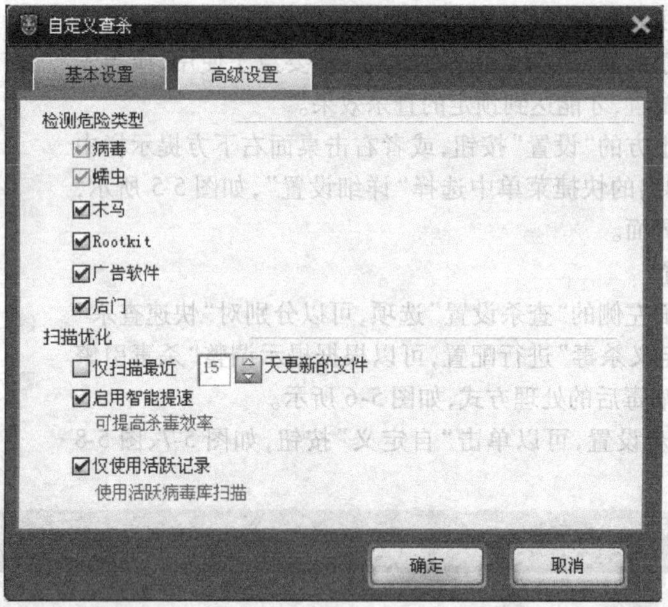

自定义查杀

基本设置 | 高级设置

检测危险类型

☑病毒
☑蠕虫
☑木马
☑Rootkit
☑广告软件
☑后门

扫描优化

☐仅扫描最近 15 天更新的文件
☑启用智能提速
可提高杀毒效率
☑仅使用活跃记录
使用活跃病毒库扫描

确定 取消

图 5-7

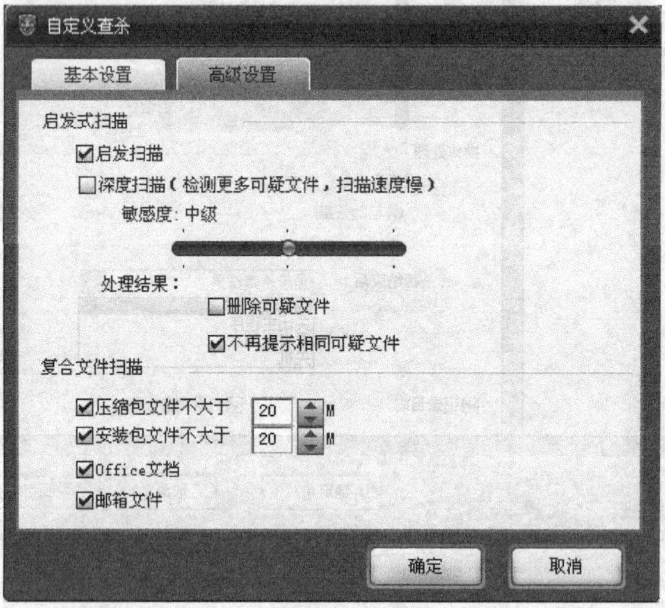

自定义查杀

基本设置 | 高级设置

启发式扫描

☑启发扫描
☐深度扫描（检测更多可疑文件，扫描速度慢）
敏感度：中级

处理结果：
☐删除可疑文件
☑不再提示相同可疑文件

复合文件扫描

☑压缩包文件不大于 20 M
☑安装包文件不大于 20 M
☑Office文档
☑邮箱文件

确定 取消

图 5-8

友情提示

杀毒软件检查压缩包的耗时非常长，而且即使压缩包中有病毒，在压缩状态下也不会发作，因此为了提高查杀速度，可以把压缩文件排除在扫描范围之外。

与压缩文件类似，如 ISO 镜像文件，MPG，AVI 等视频文件，MP3 等音频文件，JPG 等图像文件，这些文件在计算机中为数不少，而带毒的可能性却比较小，同样可以通过设置排除到扫描范围之外，这样杀毒软件的扫描速度会得到大幅度的提高。

(2)计算机防护

“电脑防护”选项可以对各种即时防护功能进行设置，如“U 盘防护”“木马防御”等，如图 5-9 和图 5-10 所示等。

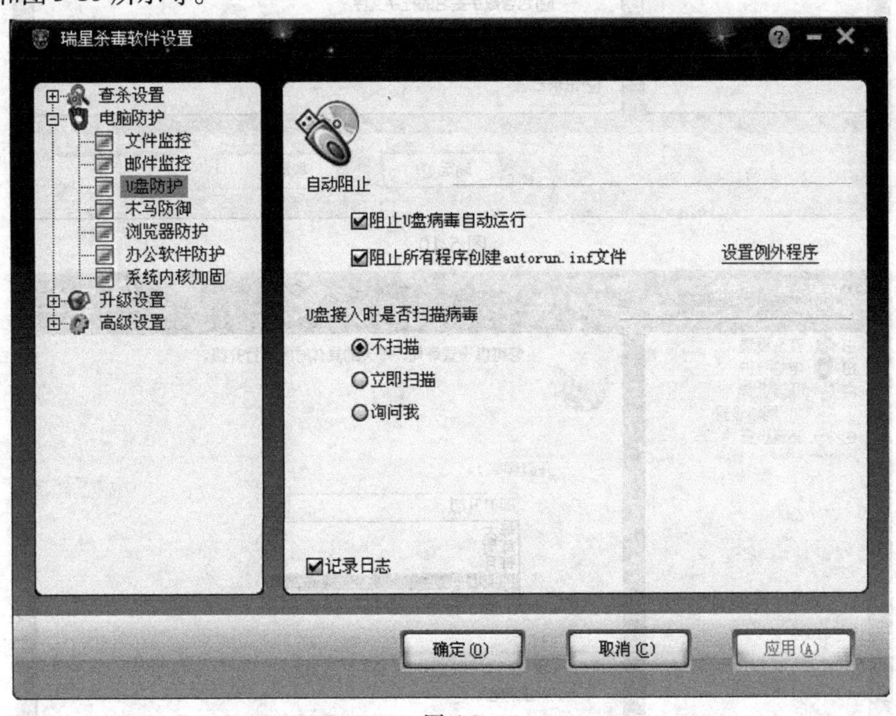

图 5-9

(3)升级设置

因为计算机病毒在不断变化升级，所以杀毒软件也必须通过更新病毒库与其他组件来保证对病毒的查杀能力。该选项能对升级模式进行设置，如图 5-11 所示。

(4)高级设置

“高级设置”选项可以对其他功能进行配置，如图 5-12 所示。

选择“高级设置”中的“软件安全”，可以设置密码与启用自我保护，避免他人改动设置或病毒攻击杀毒软件，造成杀毒软件失效或无法启动，如图 5-13 所示。

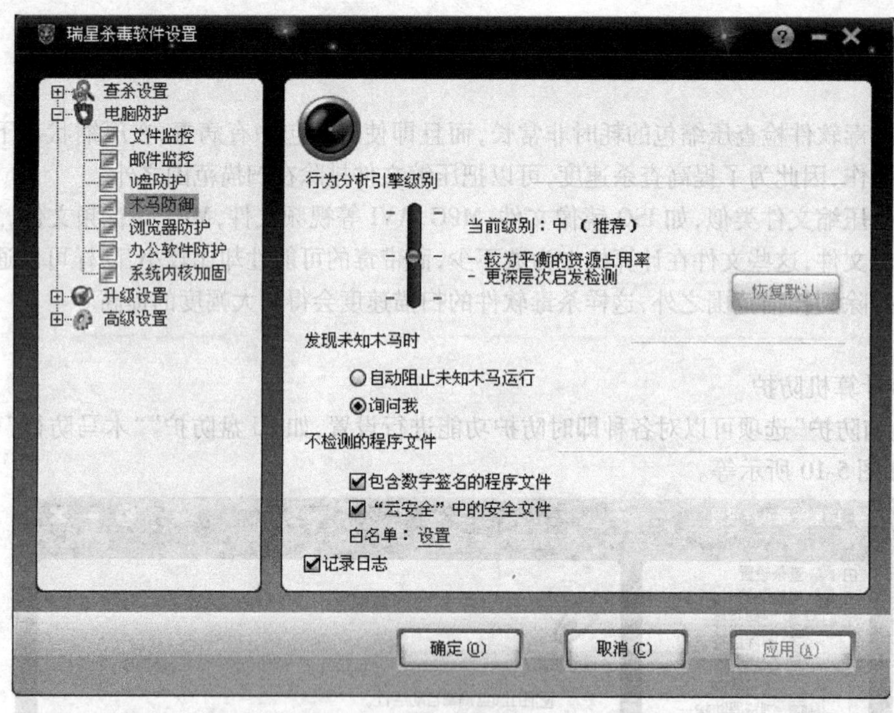
瑞星杀毒软件设置
查杀设置
电脑防护
文件监控
邮件监控
U盘防护
木马防御
浏览器防护
办公软件防护
系统内核加固
升级设置
高级设置
行为分析引擎级别
当前级别：中 （推荐）
- 较为平衡的资源占用率
- 更深层次启发检测
恢复默认
发现未知木马时
自动阻止未知木马运行
询问我
不检测的程序文件
包含数字签名的程序文件
“云安全”中的安全文件
白名单：设置
记录日志
确定(O)
取消(C)
应用(A)

图 5-10

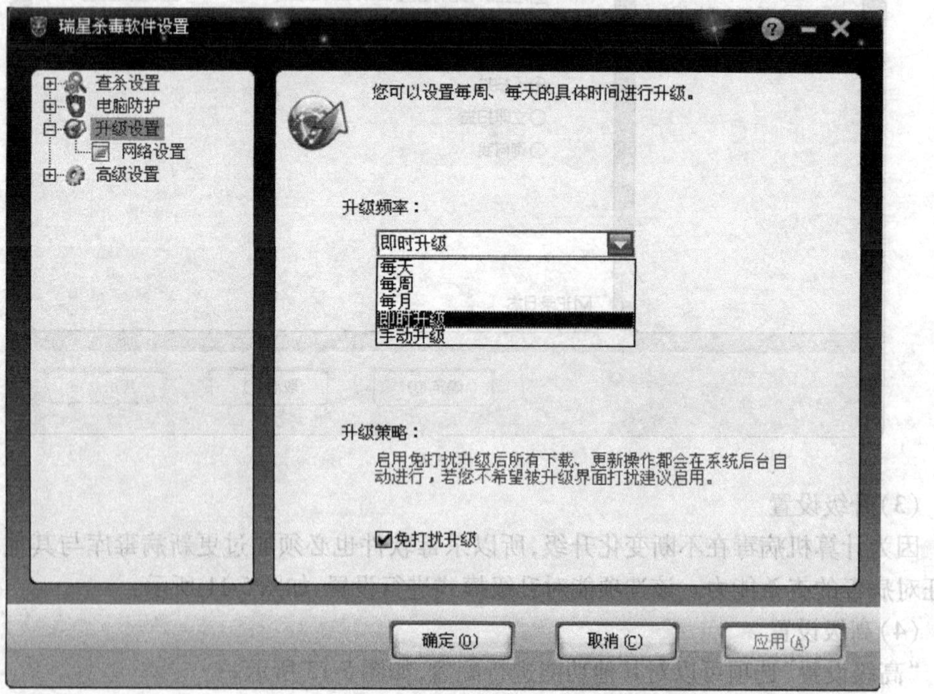
瑞星杀毒软件设置
查杀设置
电脑防护
升级设置
网络设置
高级设置
您可以设置每周、每天的具体时间进行升级。
升级频率：
即时升级
每天
每周
每月
即时升级
手动升级
升级策略：
启用免打扰升级后所有下载、更新操作都会在系统后台自动进行，若您不希望被升级界面打扰建议启用。
免打扰升级
确定(O)
取消(C)
应用(A)

图 5-11

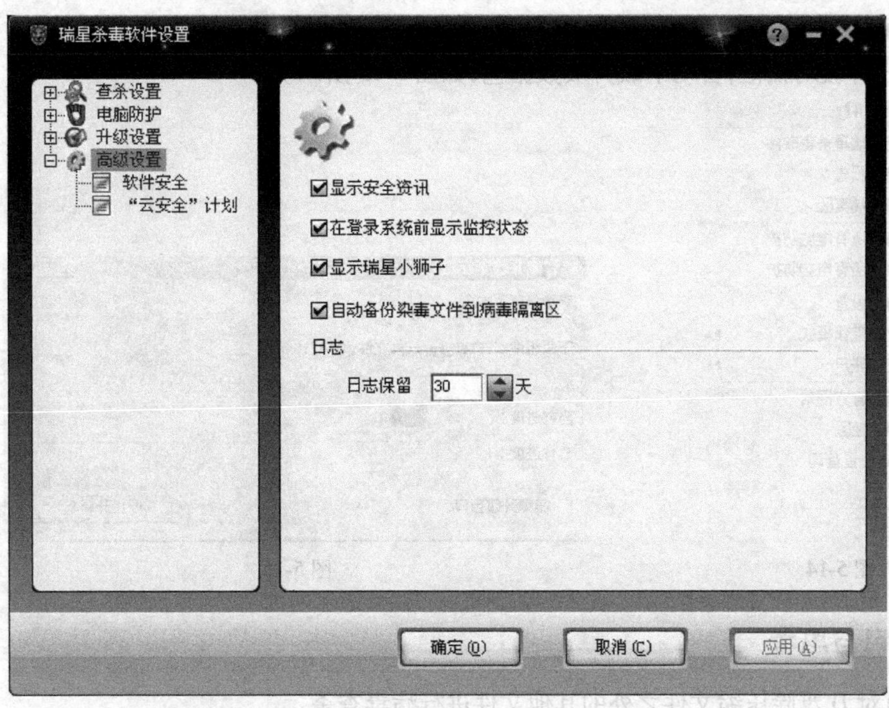

图 5-12

图 5-13

5. 软件升级

对瑞星杀毒软件 2011 进行升级，可单击软件主界面右上方的“软件升级”，也可以右击任务栏的瑞星杀毒软件图标，在弹出的快捷菜单中选择“软件升级”，如图5-14所示。

弹出升级对话框，自动下载升级数据包，如图5-15所示。

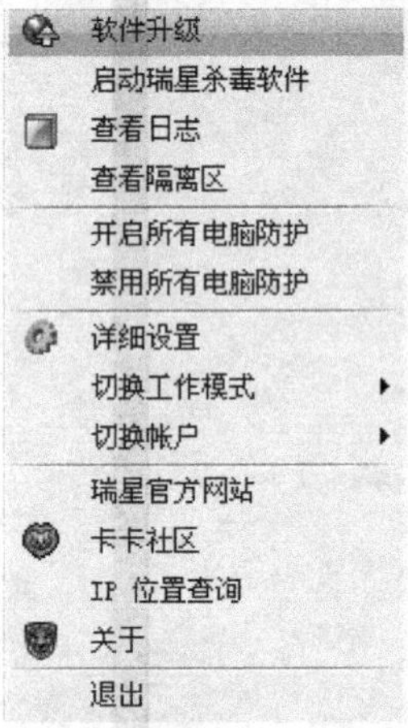

图5-14

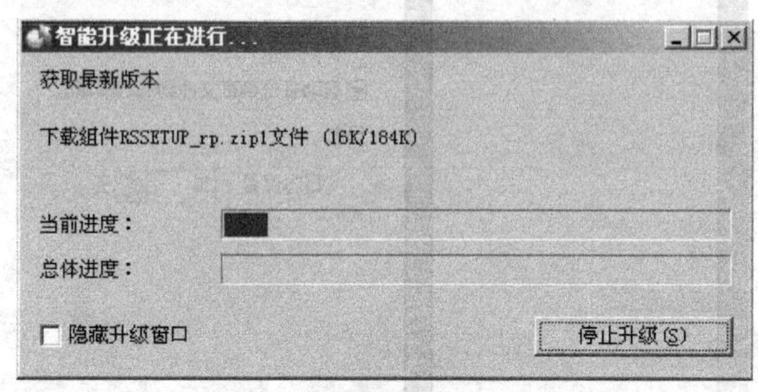

图5-15

练习与思考

(1)对D盘除压缩文件之外的其他文件进行病毒查杀。

(2)启用定时杀毒，并给杀毒软件配置密码。

(3)对杀毒软件进行升级。

(4)尝试上报发现的可疑文件。

任务二　防火墙——瑞星防火墙

任务概述

防火墙是一种用来加强网络之间访问控制，保护内部网络操作环境的特殊网络互联设备。防火墙分为软件防火墙和硬件防火墙，个人用户通常使用软件防火墙。

防火墙具有很好的保护作用，入侵者必须首先穿越防火墙的安全防线，才能接触目标计算机。用户可以将防火墙配置成不同保护级别。高级别的保护可能会禁止一些服务，如视频流等，用户可以根据自己的需要自行选择。

现在以瑞星防火墙为例来了解软件防火墙的使用。

1. 防火墙的使用

(1)安全上网

“安全上网”是用户主要调整的选项，每个项目都有相应的说明，如图5-16所示。用户

可以根据需要开启和关闭，如果用户不清楚具体用途，建议全部开启，虽然对网络连接速度有一定影响，但是可以大幅度地提高上网的安全性。

图 5-16

(2)家长控制

“家长控制”选项可以为未成年的子女制订上网策略，避免网上的不良信息对孩子造成不良影响，如图 5-17 所示，单击“设定”按钮可以设定密码防止他人修改。

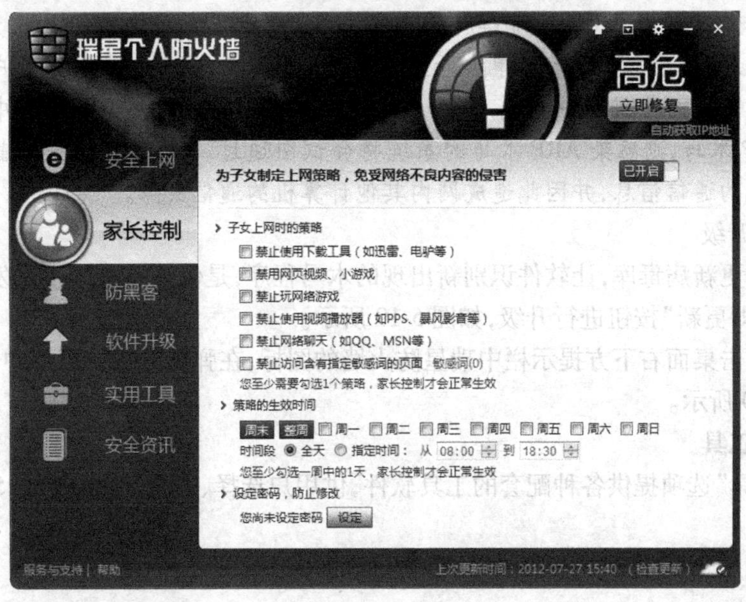

图 5-17

(3)防黑客

“防黑客”选项提供防止外部黑客攻击的各种功能，如图 5-18 所示。

图 5-18

【知识链接】

黑客攻击是指扰乱系统的运行或侵入他人计算机系统、盗窃系统保密信息、破坏目标系统的数据等非法行为。

ARP 攻击就是利用 ARP(地址解释协议)的工作特性进行攻击。ARP 作为 Ethernet 网络上的开放协议，由于本身过于简单和开放，没有任何的安全手段，为恶意用户的攻击提供了可能。ARP 的攻击方式多种多样，最常见的就是针对网关的攻击。局域网中若有一台计算机感染 ARP 木马，则感染 ARP 木马的系统将会试图通过“ARP 欺骗”手段截获所在网络内其他计算机的通信信息，并因此造成网内其他计算机的通信故障。

(4)软件升级

升级可以更新病毒库，让软件识别新出现的木马程序，是保证防火墙正常发挥作用的基础。单击“立即更新”按钮进行升级，如图 5-19 所示。

也可以右击桌面右下方提示栏中瑞星防火墙的图标，在弹出的快捷菜单中选择“软件升级”，如图 5-20 所示。

(5)实用工具

“实用工具”选项提供各种配套的工具软件，供用户选择、安装、使用，如图 5-21 所示。

图 5-19

启动瑞星个人防火墙
软件升级
查看日志
详细设置
进入免打扰模式
切换网络环境
设置网络环境
断开网络
退出

图 5-20

图 5-21

2. 防火墙的设置

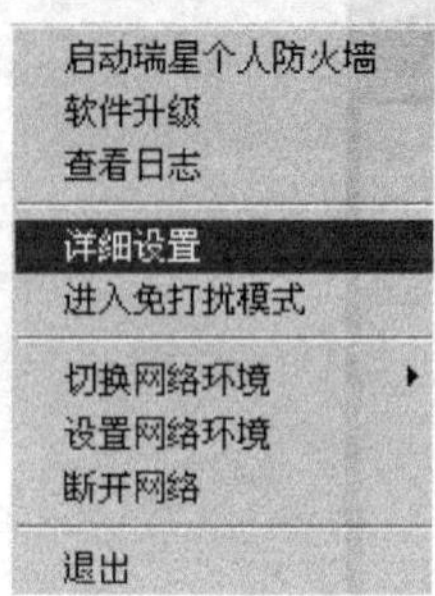

图 5-22

单击主界面右上方的“设置”图标，或右击桌面右下方提示栏中瑞星防火墙的图标，在弹出的快捷菜单中选择“详细设置”，如图 5-22 所示，打开设置界面。

(1)安全上网设置

“安全上网设置”选项可以查看操作系统中安装的浏览器，并选择对已安装的浏览器进行高强度防护，如图 5-23 所示。

(2)防黑客设置

“防黑客设置”选项能够启用各种应对外来攻击的功能，如图 5-24 所示。如果具备一定网络相关知识，可单击“管理”按钮进行更进一步的选择。

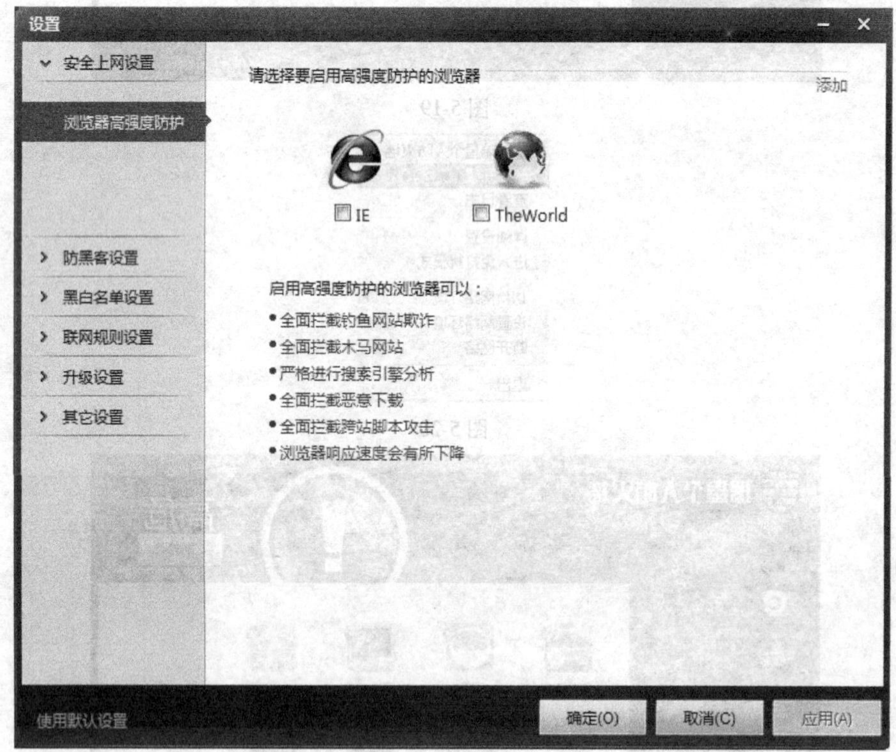

图 5-23

(3)黑白名单设置

“黑白名单设置”选项可以让防火墙屏蔽某些网站或禁止防火墙对指定网站进行安全性检查。

选择“黑名单” 可以添加需要过滤的网址和 IP 地址，如图 5-25 所示。

“白名单”则可以添加确认安全，不需要对其信息进行检查的网址和 IP 地址，如图 5-26 所示。

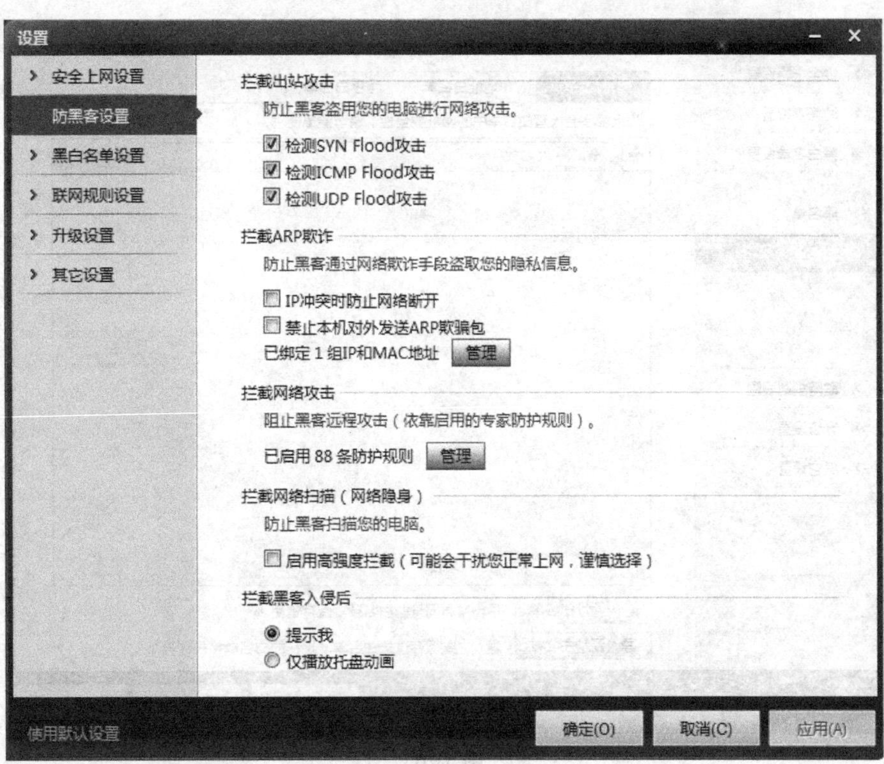
设置
安全上网设置
防黑客设置
黑白名单设置
联网规则设置
升级设置
其它设置
拦截出站攻击
防止黑客盗用您的电脑进行网络攻击。
检测SYN Flood攻击
检测ICMP Flood攻击
检测UDP Flood攻击
拦截ARP欺诈
防止黑客通过网络欺诈手段盗取您的隐私信息。
IP冲突时防止网络断开
禁止本机对外发送ARP欺骗包
已绑定 1 组IP和MAC地址
管理
拦截网络攻击
阻止黑客远程攻击（依靠启用的专家防护规则）。
已启用 88 条防护规则
管理
拦截网络扫描（网络隐身）
防止黑客扫描您的电脑。
启用高强度拦截（可能会干扰您正常上网，谨慎选择）
拦截黑客入侵后
提示我
仅播放托盘动画
使用默认设置
确定(O)
取消(C)
应用(A)

图 5-24

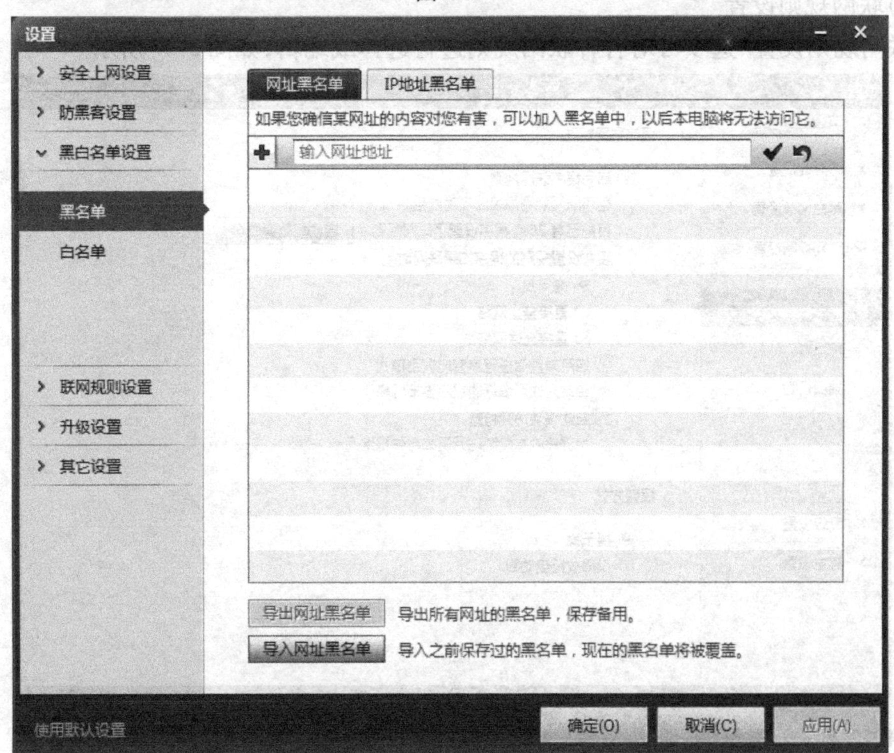
设置
安全上网设置
防黑客设置
黑白名单设置
黑名单
白名单
联网规则设置
升级设置
其它设置
网址黑名单
IP地址黑名单
如果您确信某网址的内容对您有害，可以加入黑名单中，以后本电脑将无法访问它。
输入网址地址
导出网址黑名单
导出所有网址的黑名单，保存备用。
导入网址黑名单
导入之前保存过的黑名单，现在的黑名单将被覆盖。
使用默认设置
确定(O)
取消(C)
应用(A)

图 5-25

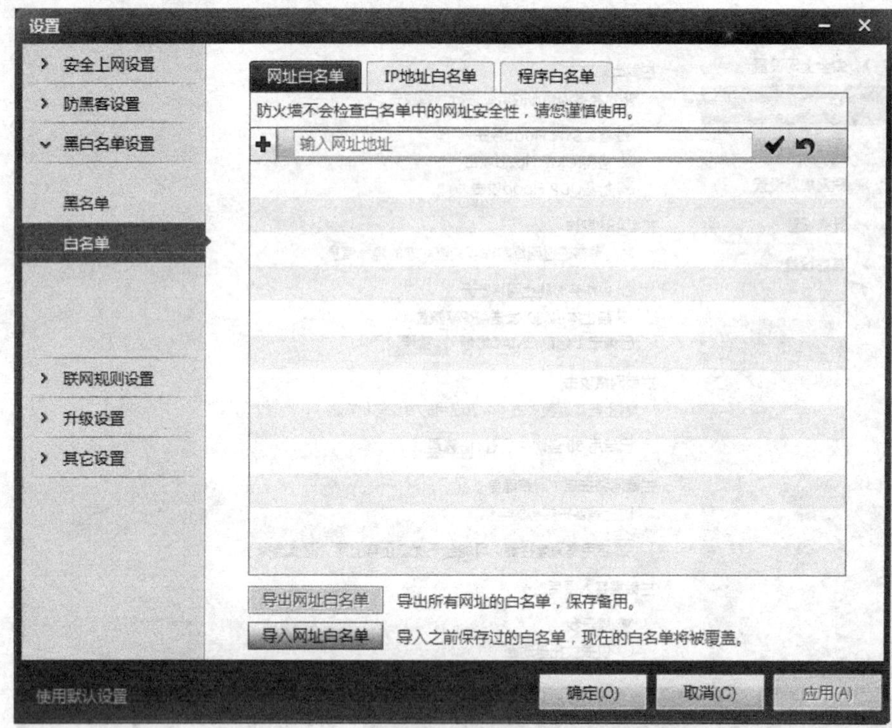

图 5-26

(4)联网规则设置

“联网规则设置”选项可对各种联网规则进行选择或编辑，如图 5-27 所示。

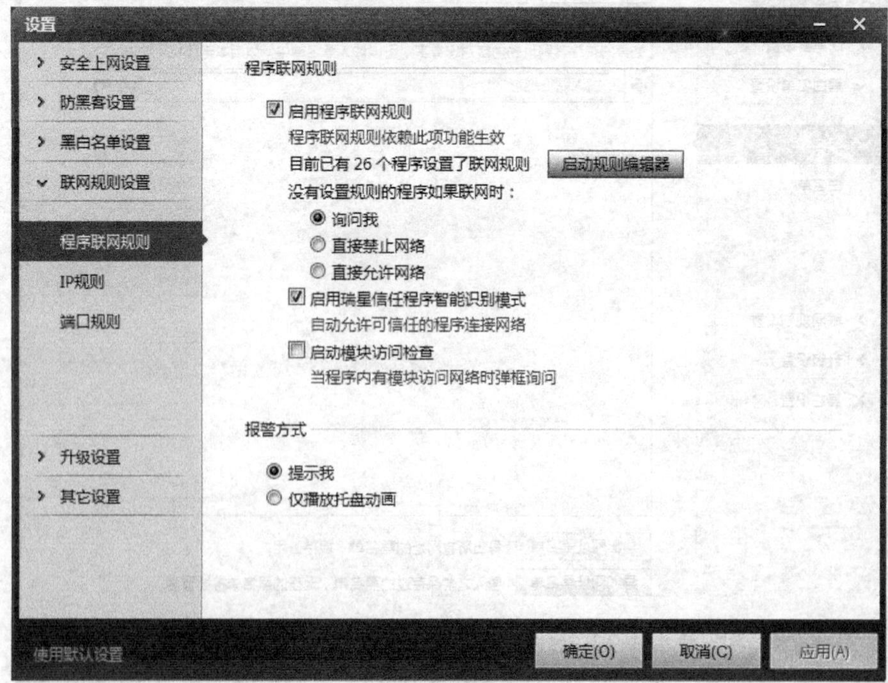

图 5-27

(5)升级设置

“升级设置”选项可以选择升级方式,如图 5-28 所示,选择其中的“网络设置”可以设定与网络连接方式,如图 5-29 所示。

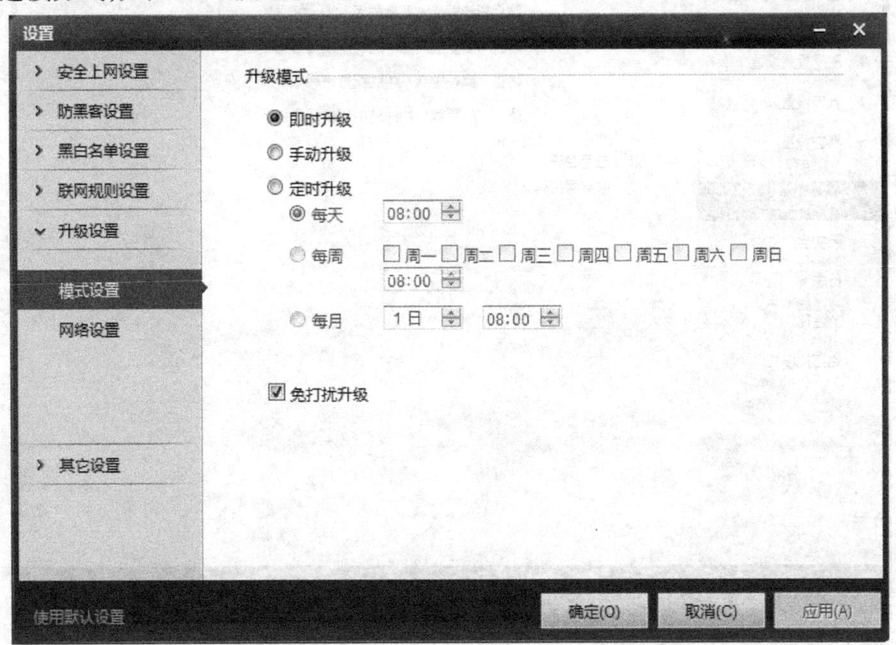

图 5-28

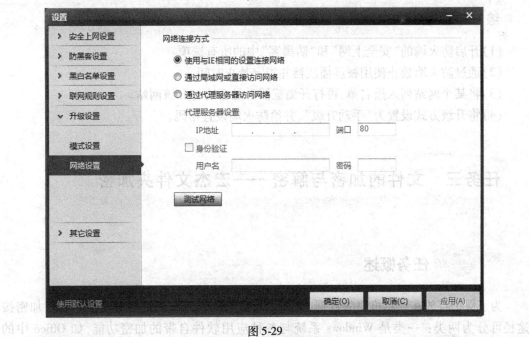

图 5-29

(6)其他设置

“其他设置”选项可对升级方式、密码设置等各方面进行设置,如图 5-30 所示。

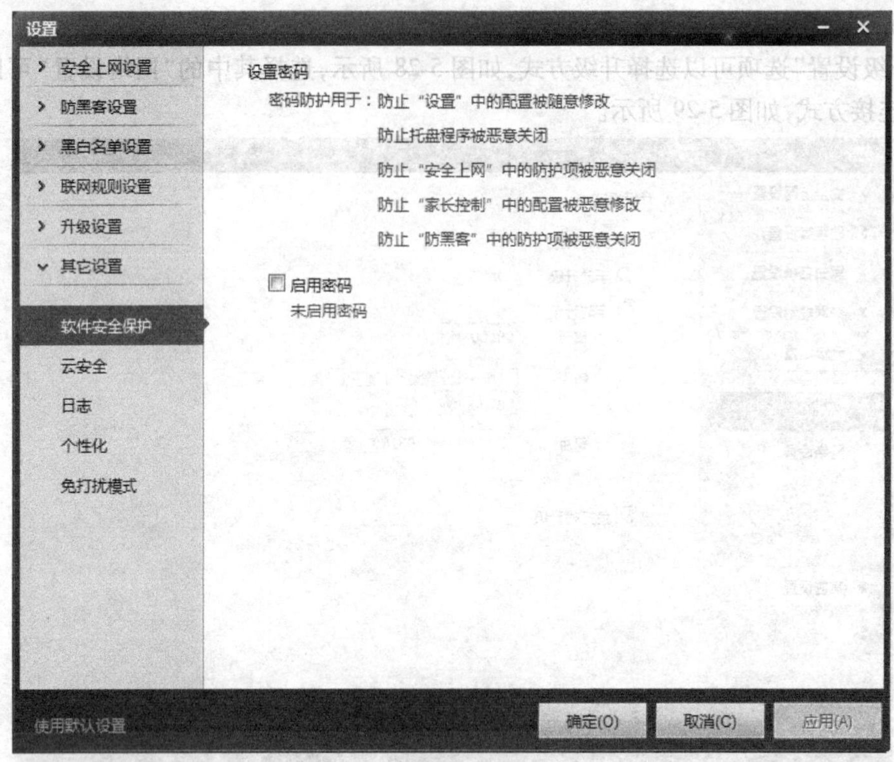

图 5-30

练习与思考

(1)开启防火墙的"安全上网"和"防黑客"中的所有选项。

(2)通过防火墙禁止使用视屏播放器并指定禁止时间。

(3)将某个网站列入黑名单,再打开浏览器看是否能打开该网站。

(4)将升级方式设置为"手动升级",并给防火墙设置密码。

任务三　文件的加密与解密——宏杰文件夹加密

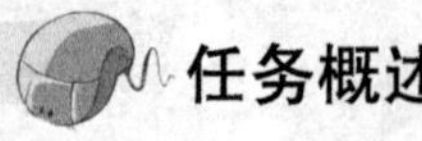

任务概述

为了保护存放在计算机里的数据,可以采用加密的方式来保证数据安全。文件加密按途径可分为两类:一类是 Windows 系统与各种应用软件自带的加密功能,如 Office 中的 Word,Excel,压缩软件等都自带加密功能;另一类是采用加密算法来实现加密的商业化加密软件。

宏杰文件夹加密工具是一款专业、永久免费的文件加密软件、文件夹加密软件,具有加

密速度快,加密强度高,防止删除、复制,简单、易用的特点,能对文件和文件夹进行加密、解密,对磁盘进行隐藏、禁用保护,主界面如图 5-31 所示。

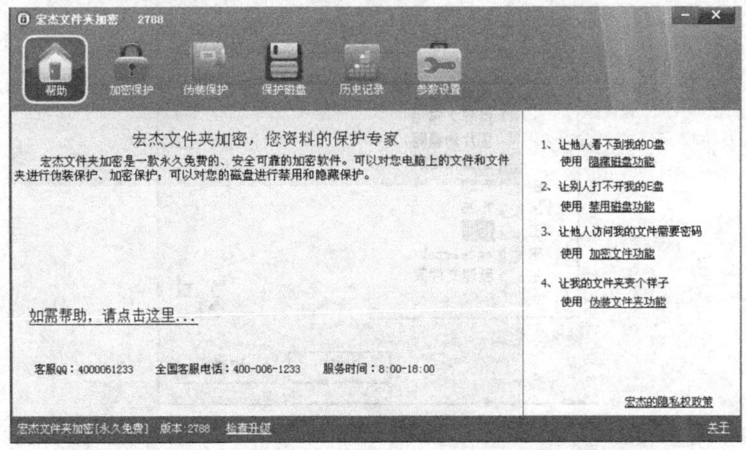

图 5-31

1. 文件和文件夹的加密

①打开软件,单击主界面上方的“加密保护”按钮,如图 5-32 所示。

宏杰文件夹加密　2788
帮助　加密保护　伪装保护　保护磁盘　历史记录　参数设置
我要加密　我要解密

处于加密状态的文件(夹)	加密类型	加密时间	状态

鼠标右键文件(夹)可直接加密/解密，或拖动文件(夹)到该窗口　刷新加密列表　解密文件(夹)
宏杰文件夹加密[永久免费]　版本:2788　检查升级　关于

图 5-32

②单击“我要加密”按钮，选择要加密的文件或文件夹，如图 5-33 所示。

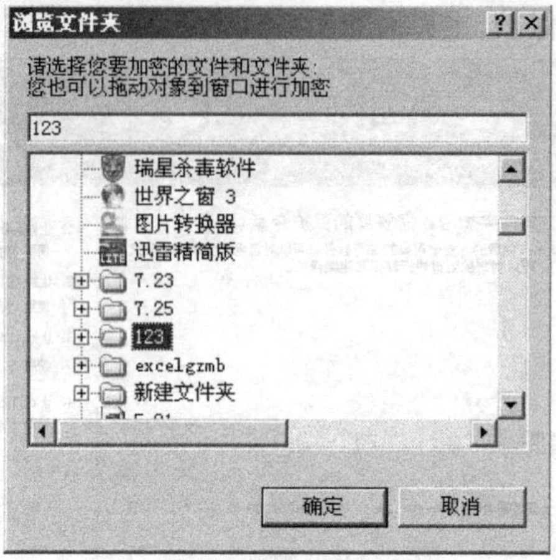

浏览文件夹

请选择您要加密的文件和文件夹：
您也可以拖动对象到窗口进行加密

123

瑞星杀毒软件
世界之窗 3
图片转换器
迅雷精简版
7.23
7.25
123
excelgzmb
新建文件夹

确定 取消

图 5-33

③设置密码与加密类型，如图 5-34 所示。如果不清楚加密类型的作用，可单击右侧的“如何选择”，在弹出对话框中查看详细说明，如图 5-35 所示。

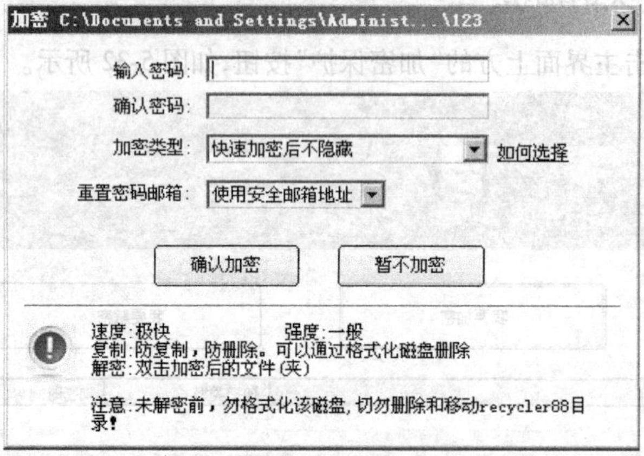

加密 C:\Documents and Settings\Administ...\123

输入密码：
确认密码：
加密类型：快速加密后不隐藏 如何选择
重置密码邮箱：使用安全邮箱地址

确认加密 暂不加密

速度：极快 强度：一般
复制：防复制，防删除。可以通过格式化磁盘删除
解密：双击加密后的文件(夹)

注意：未解密前，勿格式化该磁盘，切勿删除和移动recycler88目录！

图 5-34

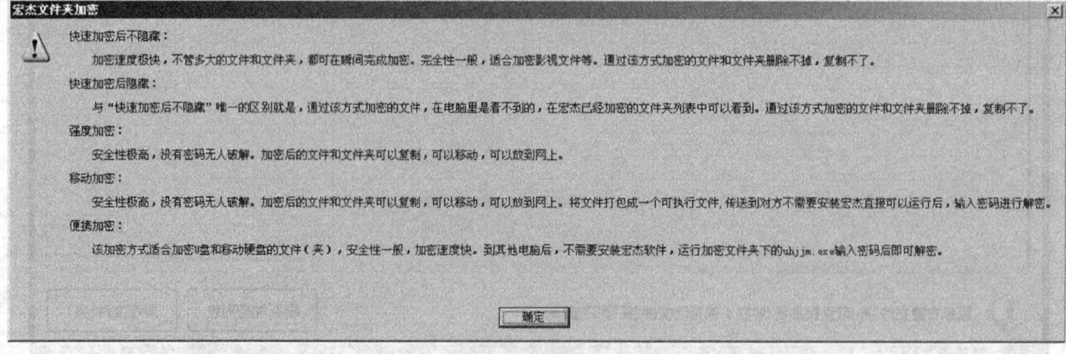

图 5-35

④完成加密，在软件的“加密保护”栏目中可以看到完成加密的文件(夹)，以及处于加密状态的文件(夹)的相关信息，如图 5-36 所示。

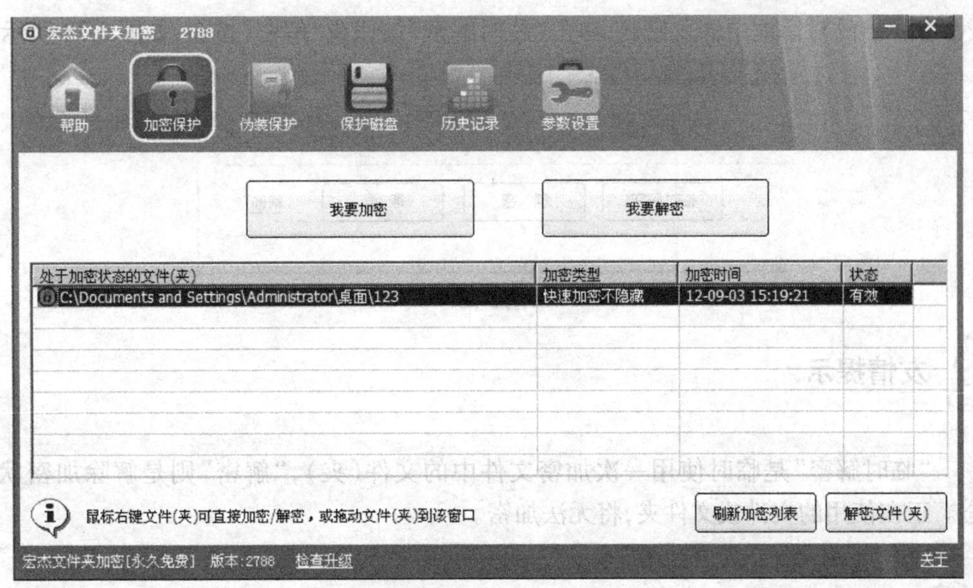

图 5-36

友情提示

也可以采用拖动的方式将要加密的文件或文件夹拖入软件进行加密。

2. 文件和文件夹的解密

①在“加密保护”选项中选择需要解密的文件(夹)，如图 5-37 所示，再单击“解密文件(夹)”按钮；或者直接双击要解密的文件(夹)。

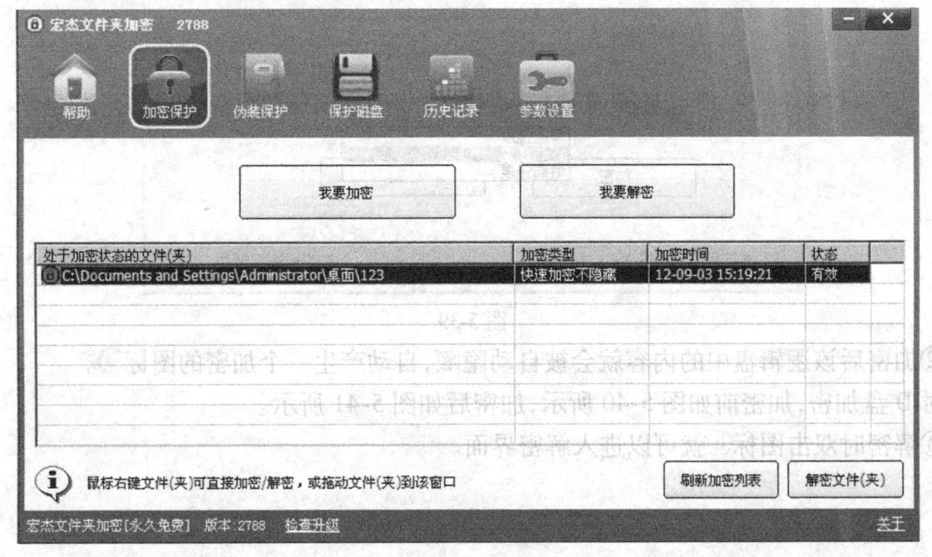

图 5-37

②在弹出的对话框中输入密码,单击"临时解密"按钮或"解密"按钮,如图 5-38 所示。

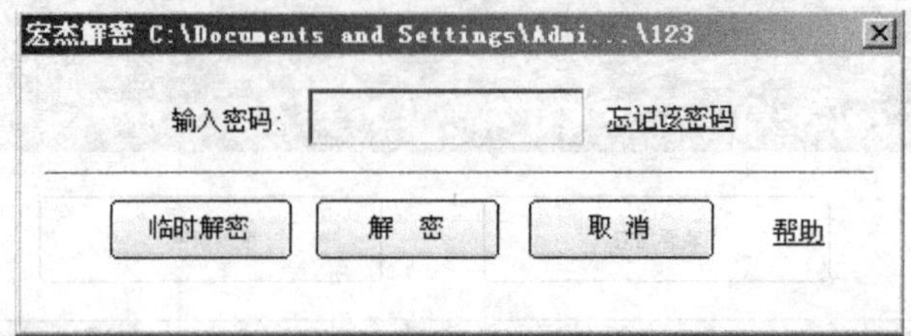

图 5-38

友情提示

"临时解密"是临时使用一次加密文件中的文件(夹),"解密"则是解除加密状态。正在使用的文件或文件夹,将无法加密。

【做一做】

在 D 盘建立一个文件夹,尝试采用不同的加密类型对该文件夹进行加密与解密。

3. 逻辑盘的加密与解密

①逻辑盘的加密与文件(夹)的加密类似,选择"加密保护"选项,单击"我要加密"选项,或者把对应盘符拖入软件界面,输入密码并选择加密强度进行加密,如图 5-39 所示。

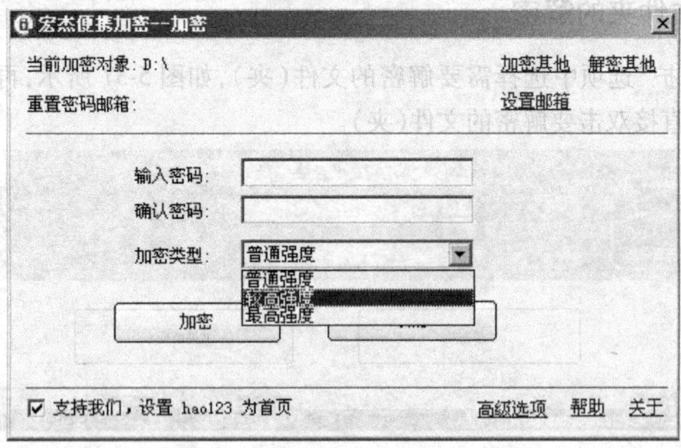

图 5-39

②加密后该逻辑盘中的内容就会被自动隐藏,自动产生一个加密的图标🔒。
对 D 盘加密,加密前如图 5-40 所示,加密后如图 5-41 所示。
③解密时双击图标🔒就可以进入解密界面。

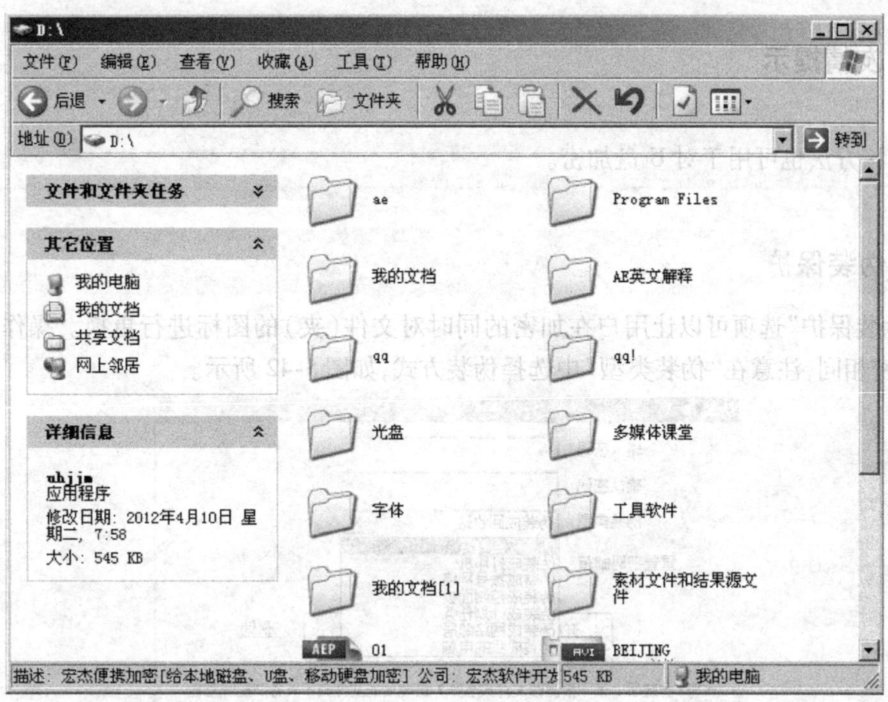
D:\
文件(F) 编辑(E) 查看(V) 收藏(A) 工具(T) 帮助(H)
后退 搜索 文件夹
地址(D) D:\ 转到
文件和文件夹任务
其它位置
我的电脑
我的文档
共享文档
网上邻居
详细信息
uhjjm
应用程序
修改日期: 2012年4月10日 星期二, 7:58
大小: 545 KB
ae
Program Files
我的文档
AE英文解释
qq
qq!
光盘
多媒体课堂
字体
工具软件
我的文档[1]
素材文件和结果源文件
01
BEIJING
描述: 宏杰便携加密[给本地磁盘、U盘、移动硬盘加密] 公司: 宏杰软件开发
545 KB
我的电脑

图 5-40

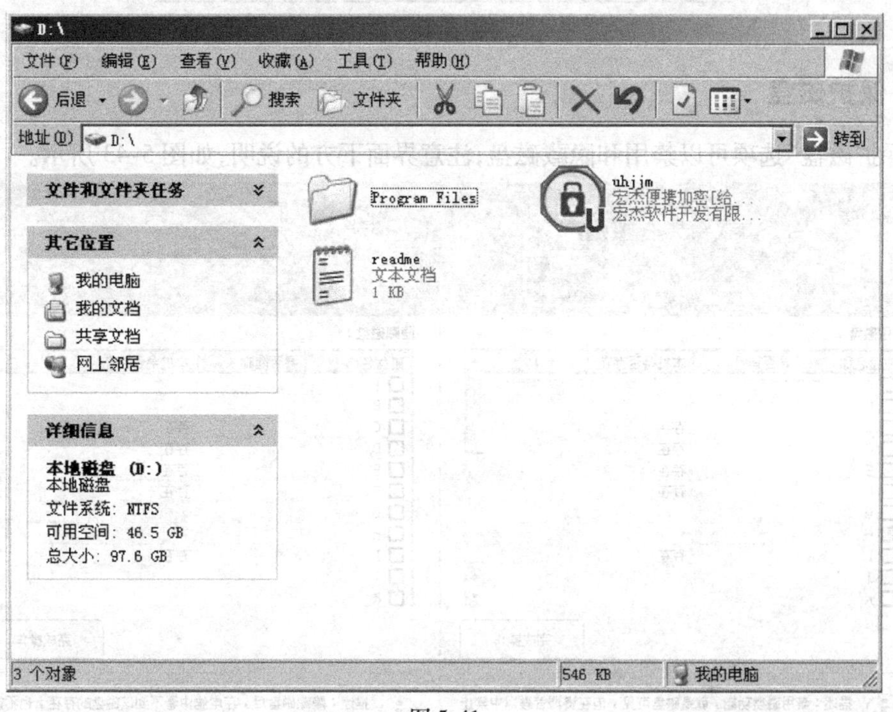
D:\
文件(F) 编辑(E) 查看(V) 收藏(A) 工具(T) 帮助(H)
后退 搜索 文件夹
地址(D) D:\ 转到
文件和文件夹任务
其它位置
我的电脑
我的文档
共享文档
网上邻居
详细信息
本地磁盘 (D:)
本地磁盘
文件系统: NTFS
可用空间: 46.5 GB
总大小: 97.6 GB
Program Files
uhjjm
宏杰便携加密[给...
宏杰软件开发有限...
readme
文本文档
1 KB
3 个对象
546 KB
我的电脑

图 5-41

友情提示

该方法也可用于对 U 盘加密。

4. 伪装保护

“伪装保护”选项可以让用户在加密的同时对文件(夹)的图标进行更换。操作方法与文件加密相同,注意在“伪装类型”中选择伪装方式,如图 5-42 所示。

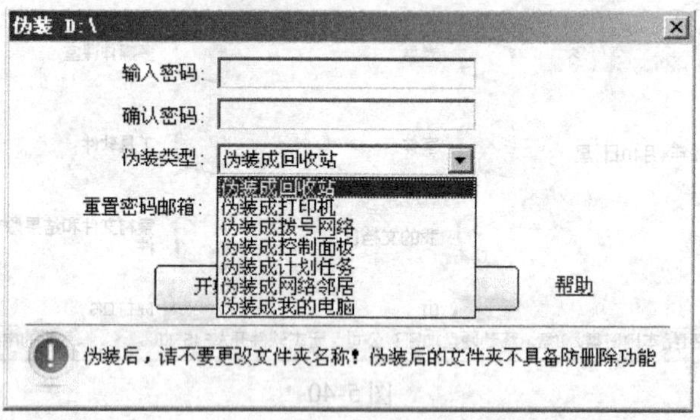

图 5-42

5. 保护磁盘

“保护磁盘”选项可以禁用和隐藏磁盘,注意界面下方的说明,如图 5-43 所示。

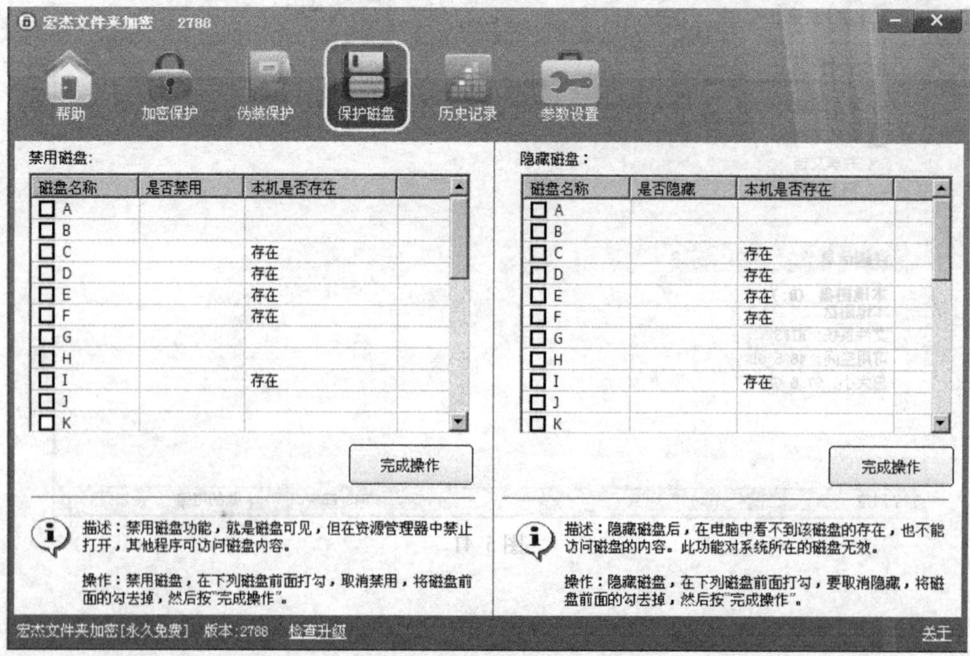

图 5-43

也可以打开“我的电脑”,右击要禁用或隐藏的盘符,在弹出的快捷菜单中选择相应操作,如图 5-44 所示。

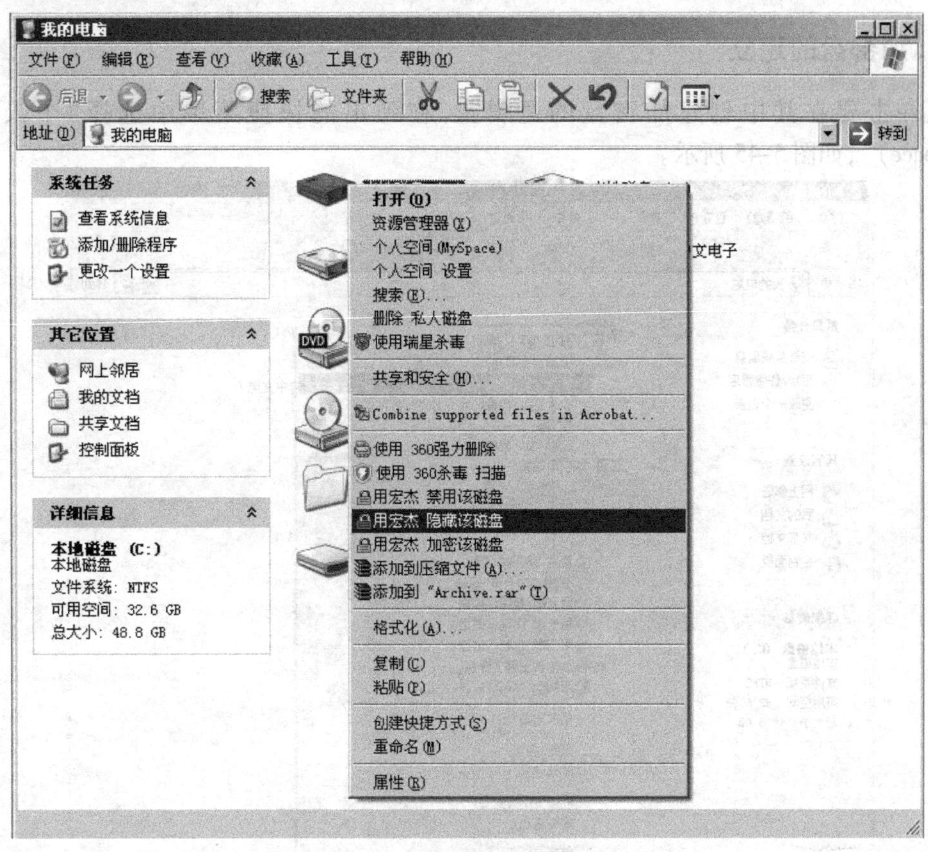

图 5-44

练习与思考

(1)在 D 盘中建立一个文件夹,进行加密伪装。
(2)对 E 盘进行加密。
(3)对以上加密文件、文件夹和磁盘进行解密。
(4)对 E 盘进行禁用与隐藏。

任务四　加密盘的建立——个人空间

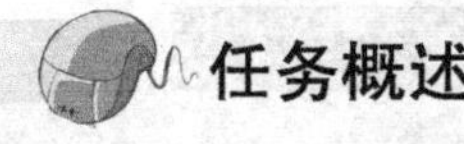

任务概述

个人空间(MySpace)能够创建高强度私人加密磁盘空间,界面简洁,功能简便,对系统资

源的占用低。其功能主要是在系统现有的每个磁盘内(如C:,D:,E:,F:等)再划分出一部分磁盘空间作为新的磁盘,并能对普通文件夹划分、转变成私人文件夹,对其加密、伪装。

1. 加密盘的建立

①单击要在其中创建加密盘的逻辑盘,在弹出的快捷菜单中选择"个人空间(MySpace)",如图5-45所示。

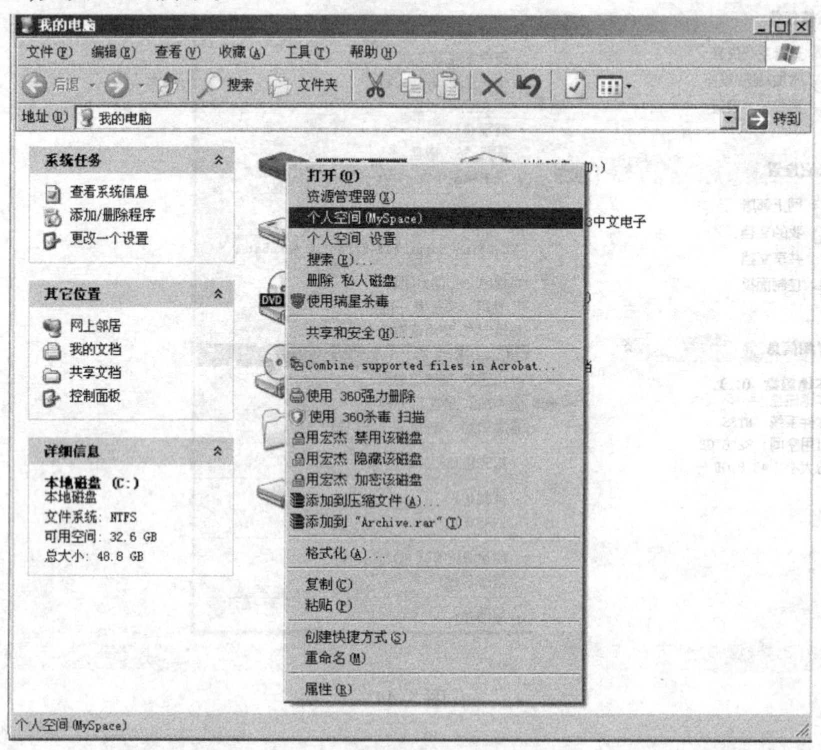

图5-45

②第一次使用时会弹出"密码设置"对话框,用户须按要求输入密码,如图5-46所示。

③用户可以自定义私人磁盘盘符,如图5-47所示。最后提示加密盘划分成功,如图5-48所示。此时,打开"我的电脑",就可以看到建立的加密盘。

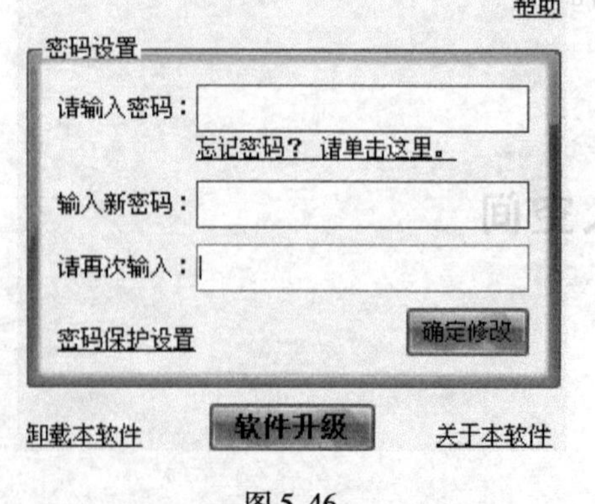

图5-46

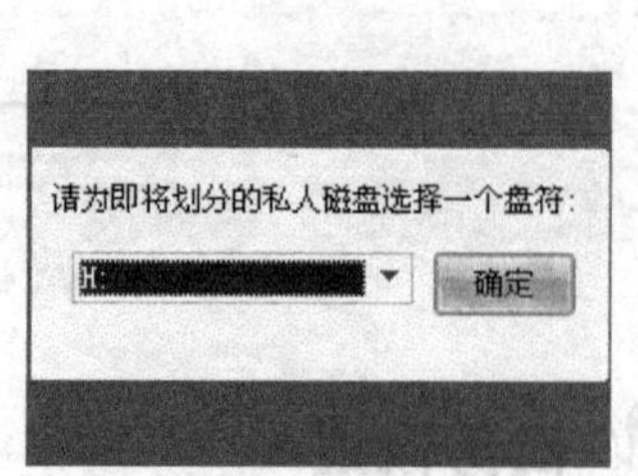

图5-47

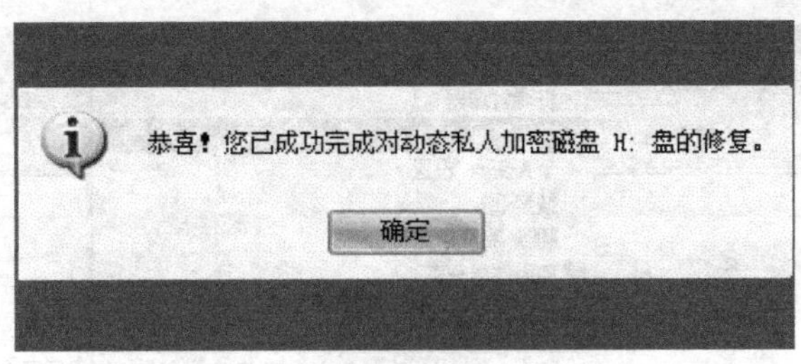

图 5-48

友情提示

加密盘的建立是通过鼠标右键单击相应盘符来进行，桌面上和开始菜单中的图标用于打开密码更改和软件升级的界面。

2. 加密盘的打开、关闭与删除

（1）打开加密盘

①右击加密盘建立的磁盘，在弹出的快捷菜单中选择“个人空间（MySpace）”，如图5-45所示。

②在弹出的对话框中输入密码，如图 5-49 所示。最后提示解密完成，如图 5-50 所示。

③此时在“我的电脑”就可以看到加密盘，用户可以把加密盘当做普通逻辑盘使用。

（2）隐藏加密盘

右击加密盘，在弹出的快捷菜单中选择“个人空间（MySpace）”，如图 5-51 所示。

（3）删除加密盘

首先解密加密盘，然后右击加密盘，选择“删除私人磁盘”，如图 5-52 所示。

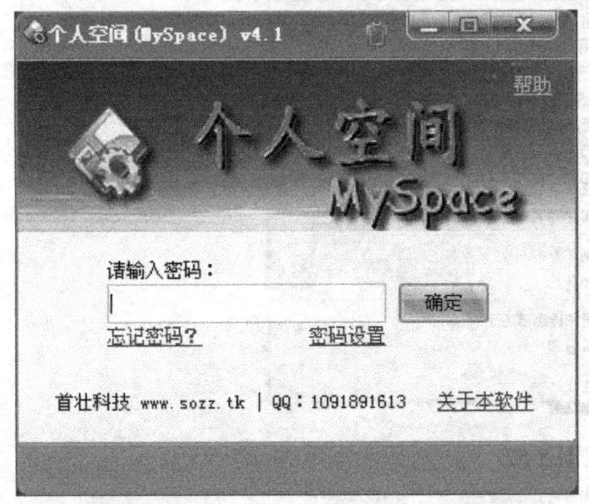

图 5-49

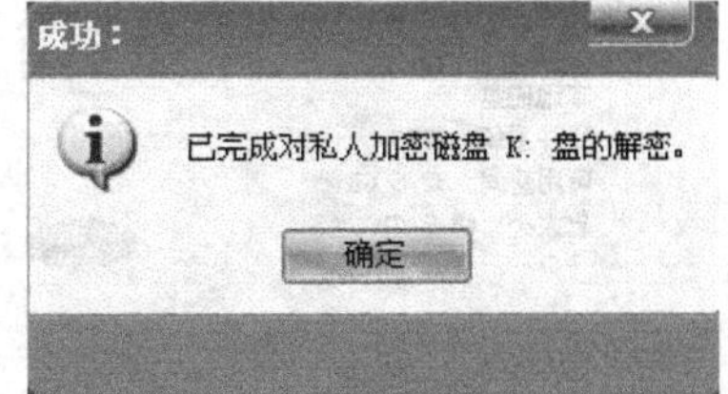

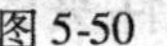

图 5-50

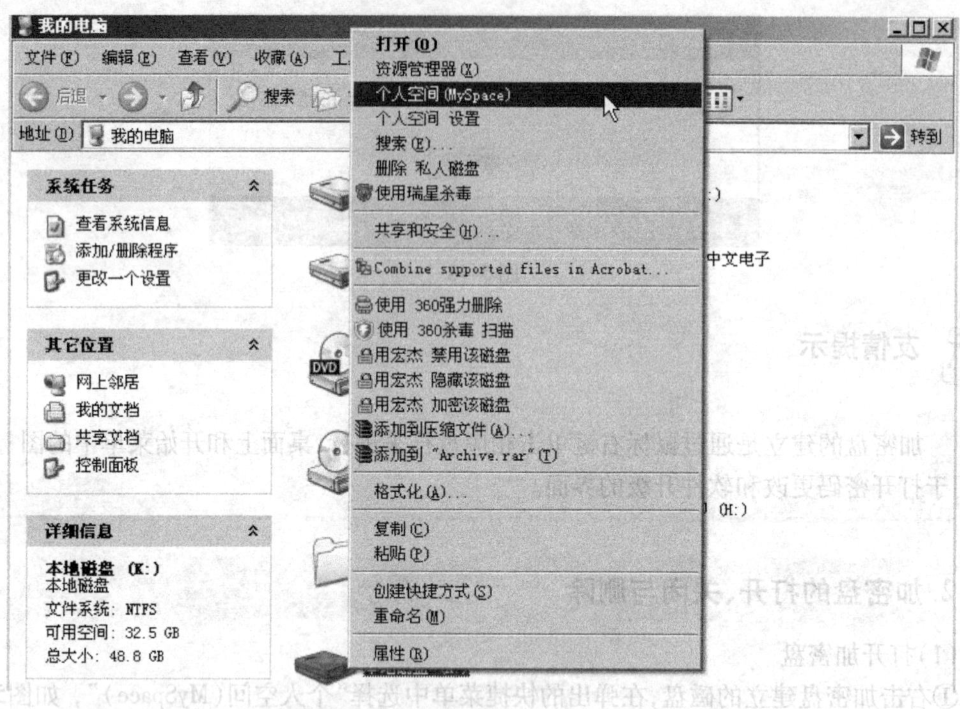

图 5-51

图 5-52

3. 私人文件夹的建立与解密

(1)私人文件夹的建立

与加密盘的操作类似,右击文件夹,选择“个人空间(MySpace)”,按提示步骤完成操作,

如图 5-53 所示。

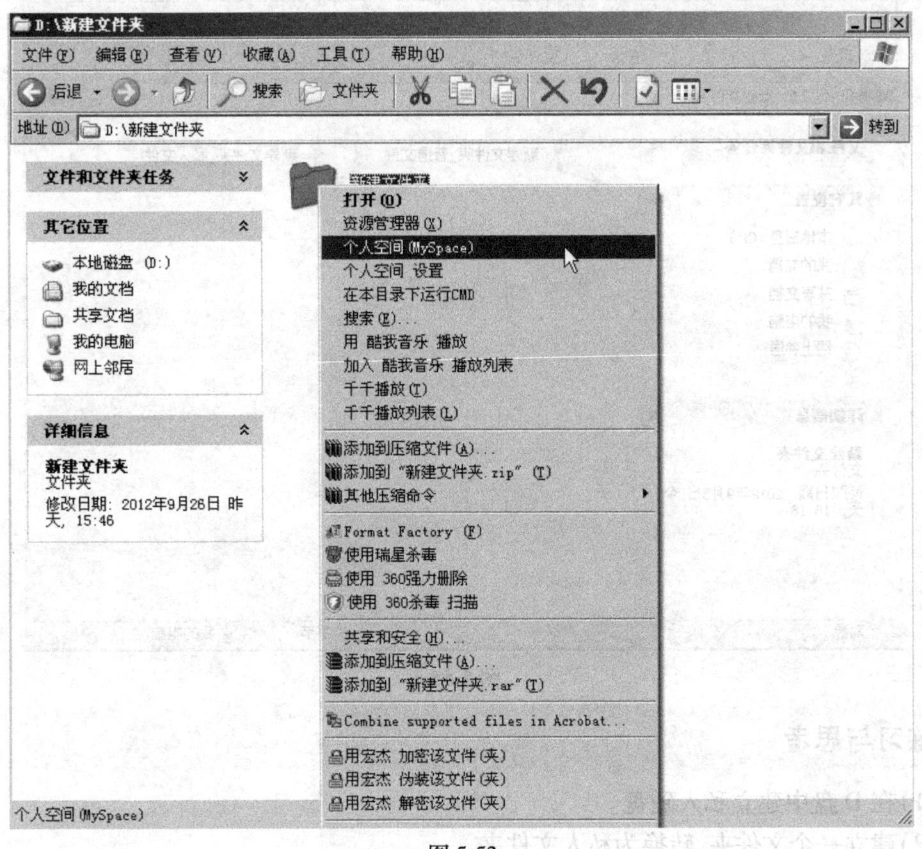

图 5-53

(2)私人文件夹的解密

解密时右击加密文件夹,输入密码,如图 5-49 所示,然后提醒用户选择解密方式,如图 5-54 所示。

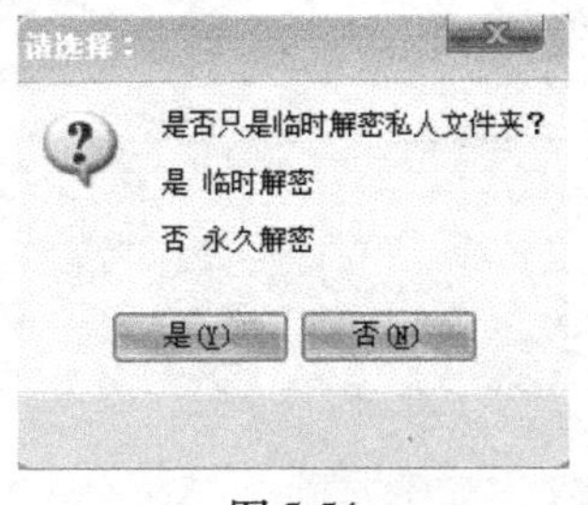

图 5-54

友情提示

永久解密后文件夹会变为两个,如图 5-55 所示。

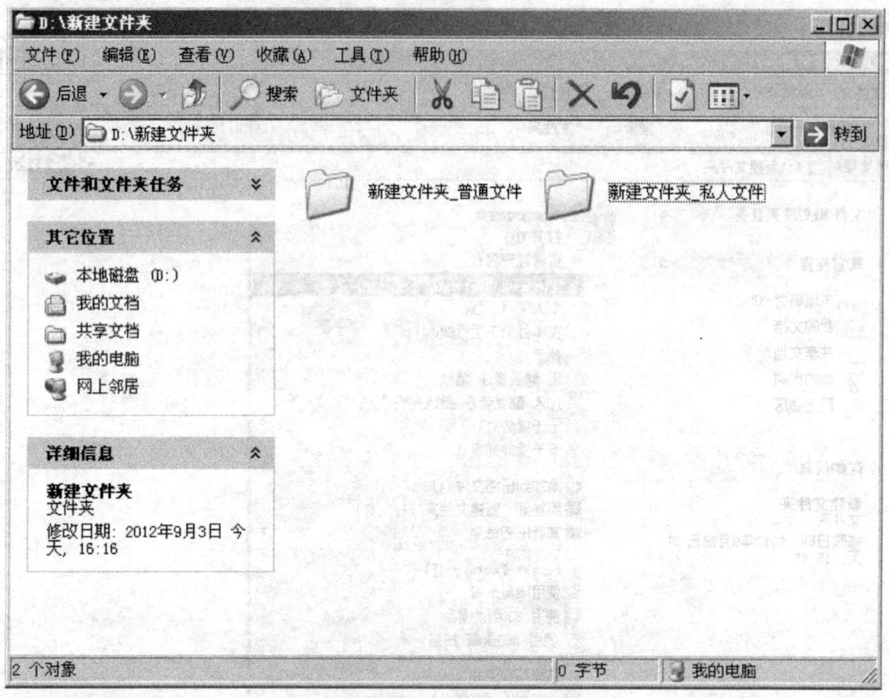

图 5-55

练习与思考

(1)在 D 盘中建立私人磁盘。

(2)建立一个文件夹,转换为私人文件夹。

(3)对建立的私人磁盘、私人文件夹解密。

(4)删除私人磁盘。

虚拟光驱与光盘刻录

模块概述

光盘因为容量大、成本低、使用方便等优点,已经全面取代软盘,成为计算机主要外部数据存储的手段之一,而刻录机的普及也使用户能自己制作光盘。下面让我们从软件的角度来了解常用的光盘辅助工具。

通过本模块的学习,应当达到以下目标:

◆会建立与删除虚拟光驱;
◆会加载与删除镜像光盘;
◆能使用光盘刻录大师制作光盘与镜像光盘;
◆了解光盘刻录大师的辅助功能。

任务一　虚拟光驱——精灵虚拟光驱

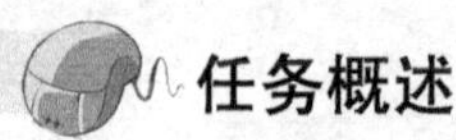

任务概述

虚拟光驱是一种模拟物理光驱工作的工具软件，可以在用户的计算机上使用软件模拟光驱工作，一般光驱能做的事虚拟光驱一样可以做到。此外，虚拟光驱有很多一般光驱无法达到的功能，例如同时执行多张镜像光盘，快速的处理能力和读取速度等。

精灵虚拟光驱（Daemon Tools Lite）是目前较为流行的虚拟光驱工具，支持多种操作系统，支持加密光盘，安装完成后不需重启计算机即可使用。它是一款先进的模拟软件，可以打开 CUE，ISO，CCD，BWT，CDI，MDS 等多种镜像文件。

1. 建立虚拟光驱

①打开软件，在主界面的下方可以看到一个建立好的默认虚拟光驱，如图 6-1 所示。

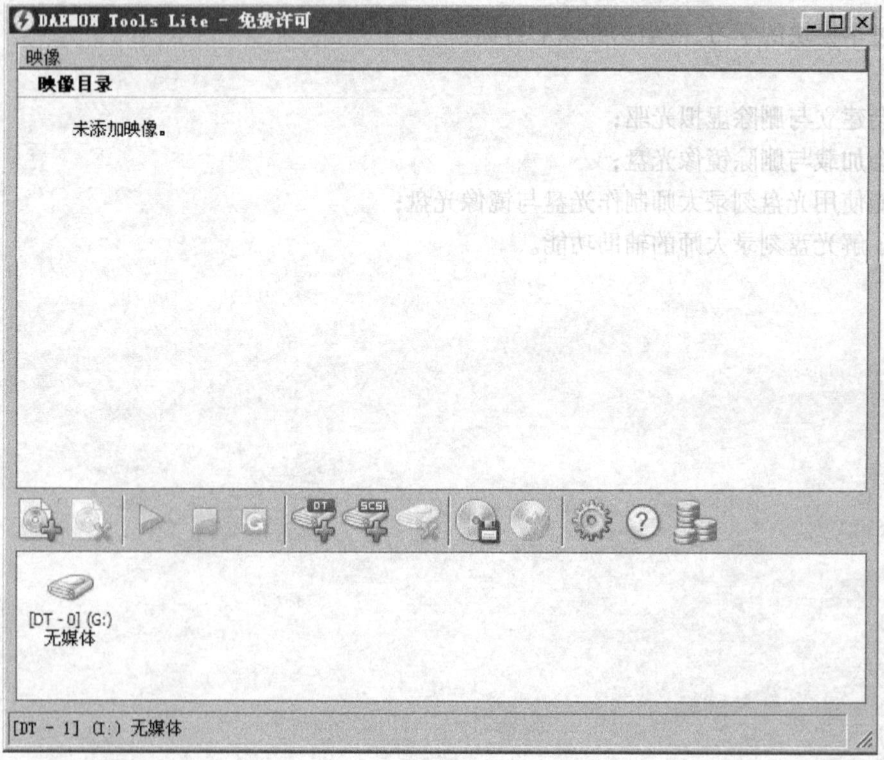

图 6-1

②单击主界面中的“添加”按钮或者。

③添加完成后，在软件主界面和“我的电脑”窗口中都可以看到新建立的虚拟光驱，如图

6-2 和图 6-3 所示。

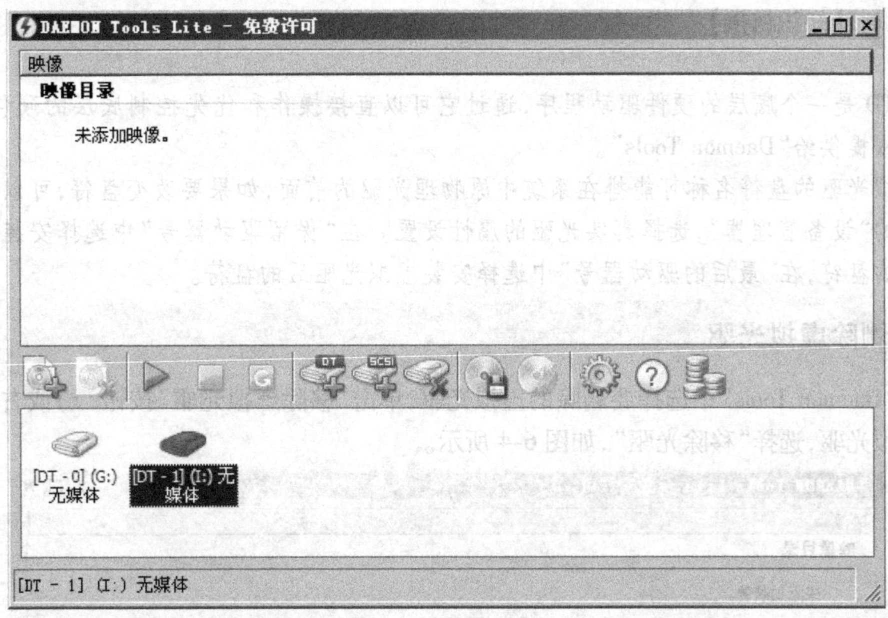

图 6-2

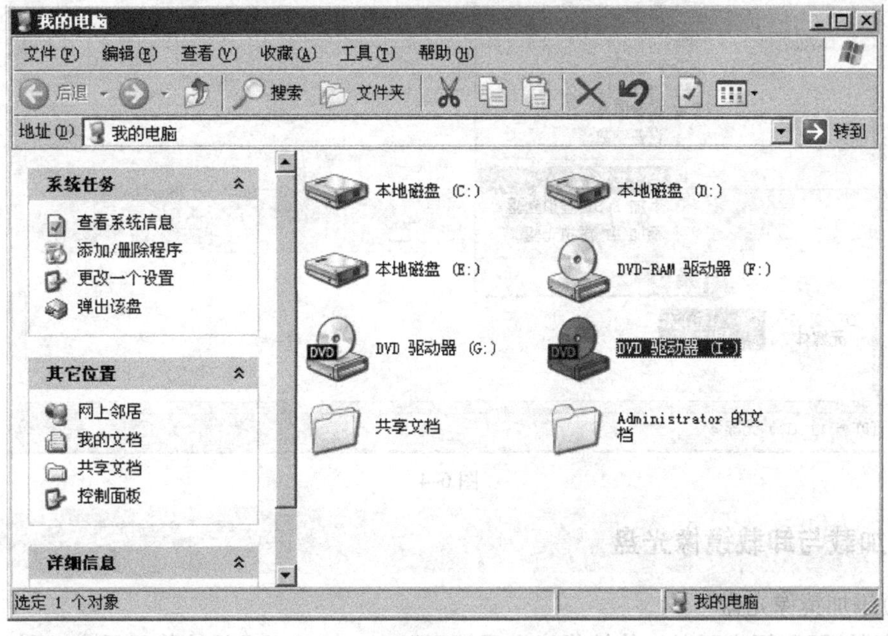

图 6-3

注意,"Daemon Tools"能够建立的虚拟光驱有 DT 与 SCSI 两种。DT 光驱不使用 SPTD,基本无法通过防拷贝检测,但对加密的 ISO 文件支持更好。SCSI 是使用 SPTD 功能的,可以通过低版本的防拷贝检测。

【知识链接】

SPTD 是一个底层的硬件驱动程序，通过它可以直接操作和优先控制底层的硬件设备，将控制权提供给“Daemon Tools”。

虚拟光驱的盘符名称可能排在系统中原物理光驱的前面，如果要改变盘符，可以打开操作系统的“设备管理器”，选择真实光驱的属性设置。在“保留驱动器号”中选择安装虚拟光驱之前的盘符，在“最后的驱动器号”中选择安装虚拟光驱后的盘符。

2. 删除虚拟光驱

在“Daemon Tools”中选择要删除的虚拟光驱，单击“移除虚拟光驱”按钮；或右击要删除的虚拟光驱，选择“移除光驱”，如图 6-4 所示。

图 6-4

3. 加载与卸载镜像光盘

(1)添加镜像光盘

一般情况下，用户可以先将镜像光盘添加到“Daemon Tools”的映像目录中，再加载到已建立的虚拟光驱里。

①单击主界面中“添加映像”按钮。

②在弹出的对话框中选择要添加的镜像光盘，如图 6-5 所示；也可以将镜像光盘直接拖到软件的“映像目录”中。

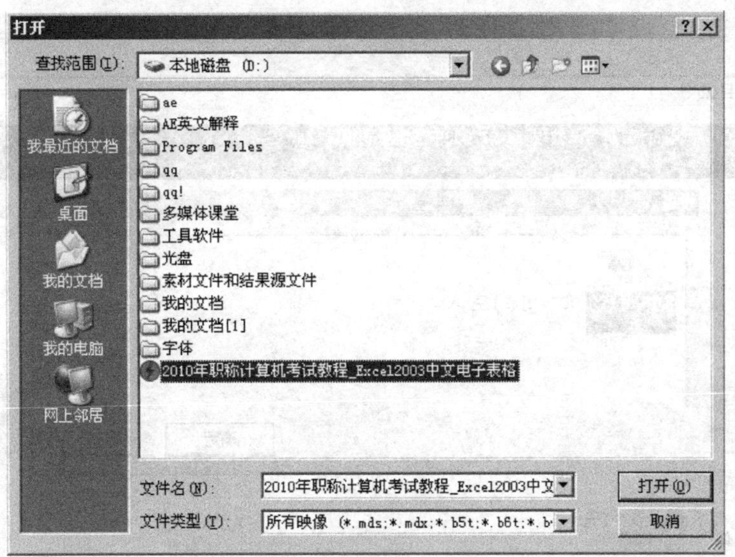

图 6-5

③此时在“映像目录”中就可以看到添加的光盘镜像，如图 6-6 所示。

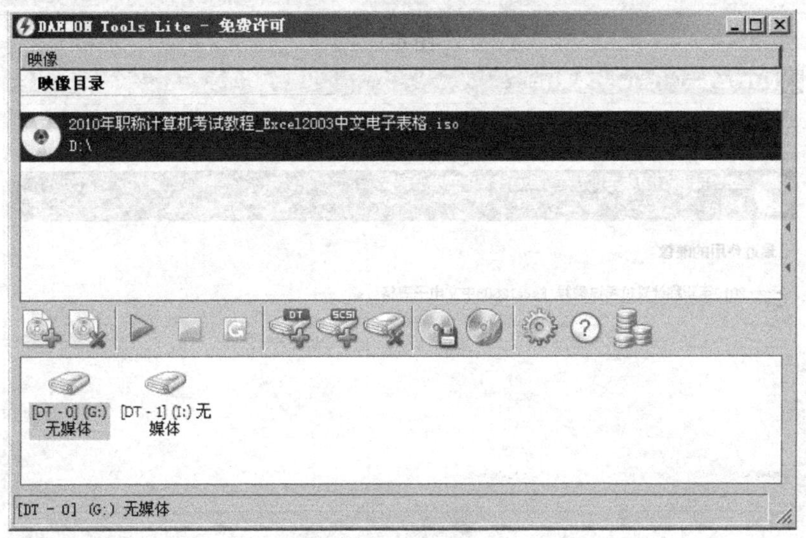

图 6-6

(2)加载镜像光盘

双击“映像目录”中需要加载的镜像光盘，或选择镜像光盘后单击“载入”按钮▷，在弹出的对话框中选择已建立好的虚拟光驱，如图 6-7 所示。

加载完成后，在软件主界面和“我的电脑”中都可以看到加载的效果，如图 6-8 和图 6-9 所示，此时用户就可以按照普通光驱的操作方法使用了。

DAEMON Tools Lite - 免费许可
映像
映像目录
2010年职称计算机考试教程_Excel2003中文电子表格.iso
D:\
设备
[DT - 0] (G:) 空
[DT - 1] (I:) 空
确定
取消
[DT - 0] (G:) 无媒体
[DT - 1] (I:) 无媒体
[DT - 1] (I:) 无媒体

图 6-7

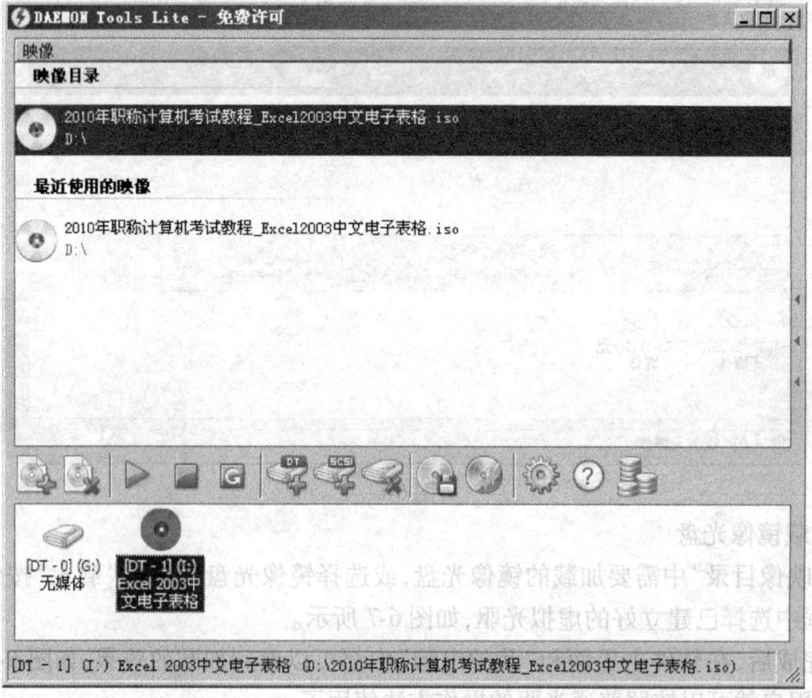
DAEMON Tools Lite - 免费许可
映像
映像目录
2010年职称计算机考试教程_Excel2003中文电子表格.iso
D:\
最近使用的映像
2010年职称计算机考试教程_Excel2003中文电子表格.iso
D:\
[DT - 0] (G:) 无媒体
[DT - 1] (I:) Excel 2003中文电子表格
[DT - 1] (I:) Excel 2003中文电子表格 (D:\2010年职称计算机考试教程_Excel2003中文电子表格.iso)

图 6-8

图 6-9

友情提示

一个虚拟光驱只能添加一个光盘镜像，如果要同时添加多个镜像文件，就要添加相应数量的虚拟光驱来进行加载。

【做一做】

利用“载入”按钮▷可以方便快捷地加载镜像光盘，建立一个虚拟光驱，尝试不通过映像目录添加镜像光盘文件。

(3)卸载镜像光盘

• 要卸载镜像光盘，在主界面中选择装有光盘映像的虚拟光驱，单击“卸载” 按钮■。

• 在主界面中右击加载有镜像光盘的虚拟光驱，选择快捷菜单中的“卸载”命令，如图6-10所示。

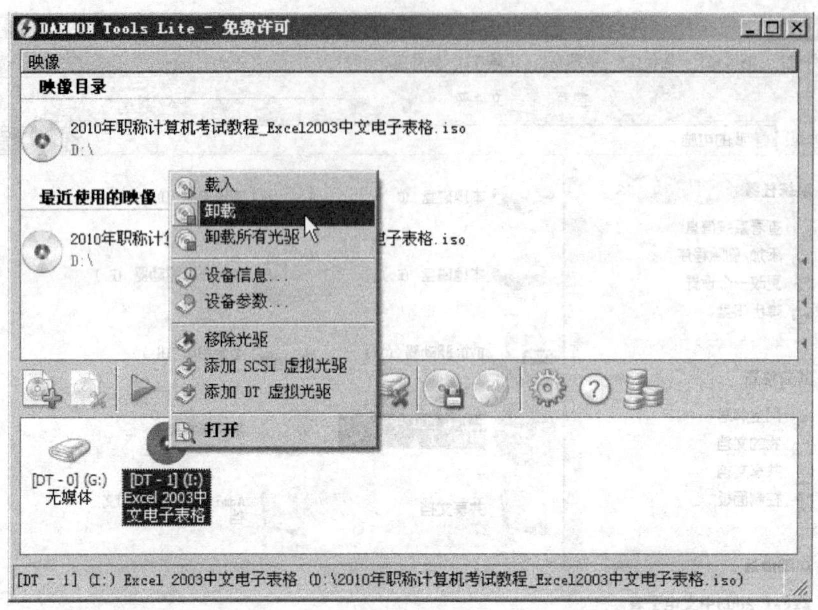

图 6-10

此外，也可以采用普通光驱的操作方式：在“我的电脑”中，右击光驱图标，在弹出的快捷菜单中选择“弹出”命令，如图 6-11 所示。

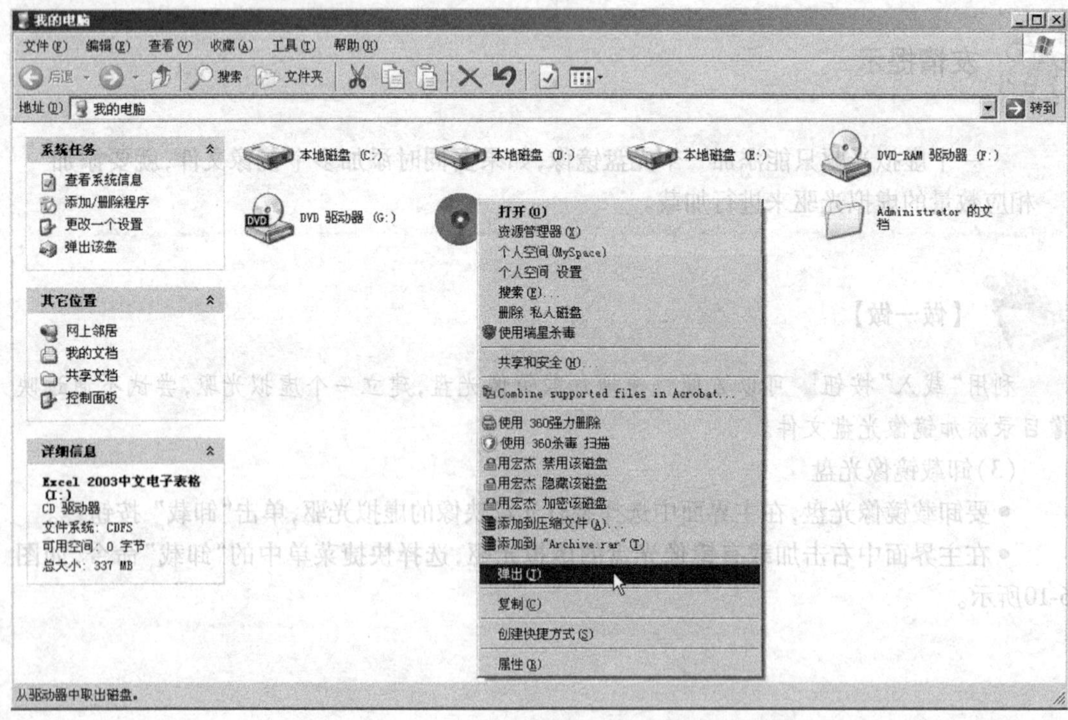

图 6-11

4. 相关设置

单击主界面中“参数选择”按钮，打开设置对话框。

（1）常规

“常规”选项中建议选择“使用托盘代理”，如果要开机自动运行，则可以勾选“自动启动”复选框，如图 6-12 所示。

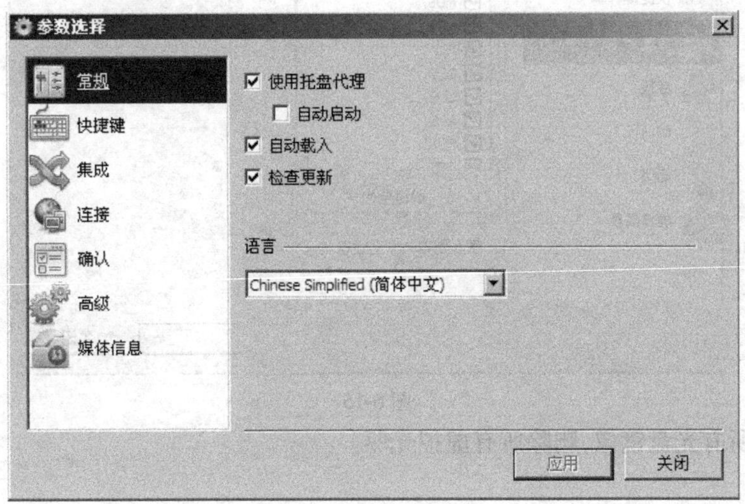

图 6-12

勾选“使用托盘代理”复选框后，桌面右下方的提示栏里会出现“Daemon Tools”的图标，单击或右击都会出现相应菜单。

左键单击效果如图 6-13 所示。

右击效果如图 6-14 所示。

卸载所有光驱
[DT - 0] (G:) 无媒体
[DT - 1] (I:) Excel 2003中文电子表格

图 6-13　　图 6-14

（2）集成

“集成”选项中可以看到所有软件能够识别和加载的镜像光盘文件类型，建议全部勾选，如图 6-15 所示，其中 ISO 是最常见的类型。

其他参数的调整读者可以自行尝试。

练习与思考

（1）打开“Daemon Tools”，建立 3 个虚拟光驱。

（2）在“映像目录”中添加镜像光盘，并在每个虚拟光驱中进行加载。

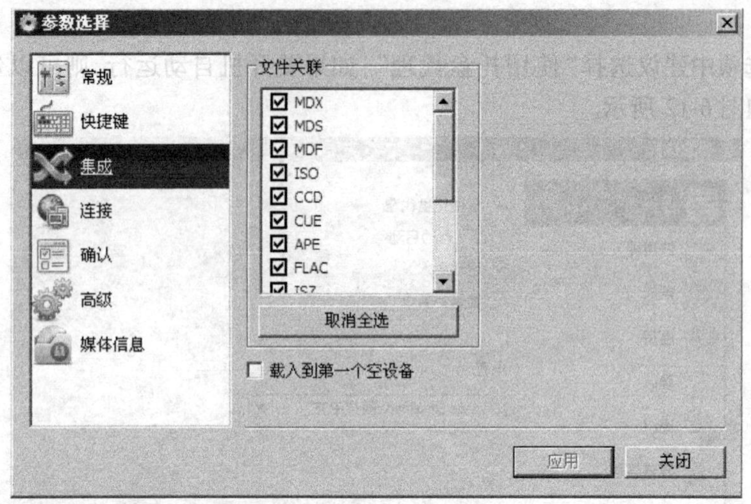

图 6-15

(3)卸载所有光盘镜像,删除所有虚拟光驱。

任务二　光盘刻录——光盘刻录大师

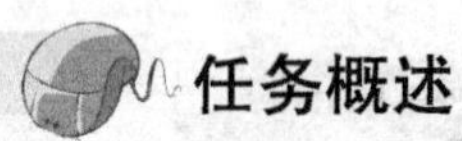

任务概述

光盘是一种容量大、成本低、用途广的移动存储介质。随着计算机性能的提升与刻录光驱的普及,越来越多的人自己制作、刻录光盘,将其作为数据备份与交流的一种有效手段。

光盘刻录大师是一款国产的多功能软件,提供包括刻录影视光盘、制作与刻录镜像光盘、盘片复制、提取 CD 音频等多种功能,有超过 19 个工具供用户使用。主界面如图 6-16 所示。

1. 制作影视光盘

①单击主界面中"刻录中心"→"制作影视光盘",打开视频刻录界面。

②选择要刻录的光盘类型,单击"下一步"按钮,如图 6-17 所示。

③选择刻录参数,如图 6-18 所示,注意查看每个参数后的详细说明。

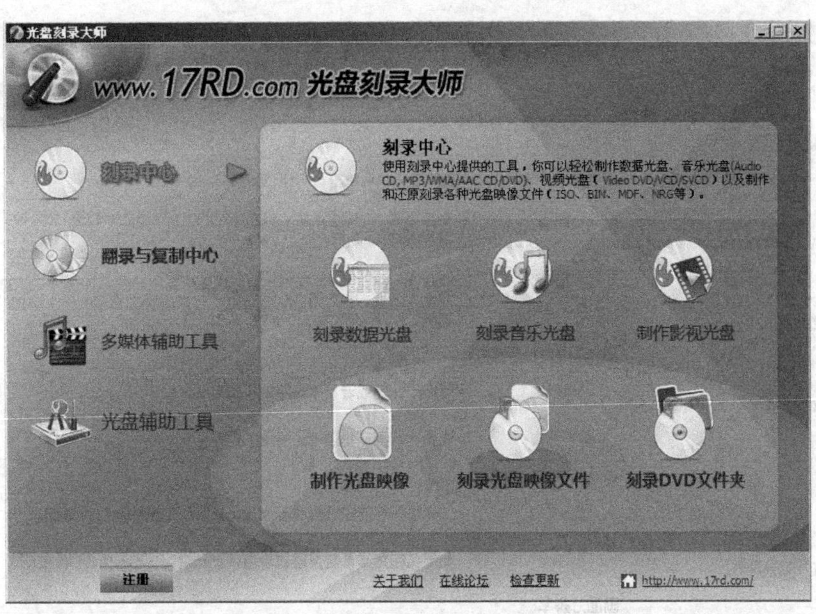
光盘刻录大师
www.17RD.com 光盘刻录大师
刻录中心
刻录中心
使用刻录中心提供的工具，你可以轻松制作数据光盘、音乐光盘(Audio CD, MP3/WMA/AAC CD/DVD)、视频光盘（Video DVD/VCD/SVCD）以及制作和还原刻录各种光盘映像文件（ISO、BIN、MDF、NRG等）。
翻录与复制中心
多媒体辅助工具
光盘辅助工具
刻录数据光盘
刻录音乐光盘
制作影视光盘
制作光盘映像
刻录光盘映像文件
刻录DVD文件夹
注册
关于我们
在线论坛
检查更新
http://www.17rd.com/

图 6-16

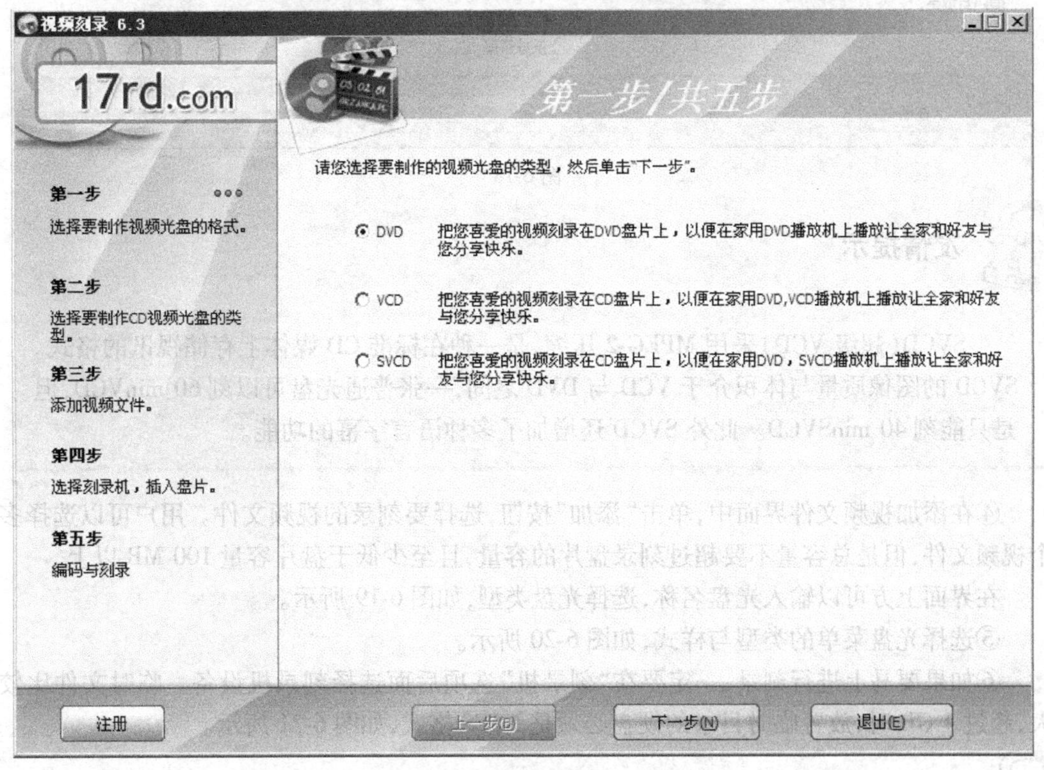
视频刻录 6.3
17rd.com
第一步/共五步
请您选择要制作的视频光盘的类型，然后单击"下一步"。
第一步
选择要制作视频光盘的格式。
第二步
选择要制作CD视频光盘的类型。
第三步
添加视频文件。
第四步
选择刻录机，插入盘片。
第五步
编码与刻录
DVD
把您喜爱的视频刻录在DVD盘片上，以便在家用DVD播放机上播放让全家和好友与您分享快乐。
VCD
把您喜爱的视频刻录在CD盘片上，以便在家用DVD,VCD播放机上播放让全家和好友与您分享快乐。
SVCD
把您喜爱的视频刻录在CD盘片上，以便在家用DVD，SVCD播放机上播放让全家和好友与您分享快乐。
注册
上一步(B)
下一步(N)
退出(E)

图 6-17

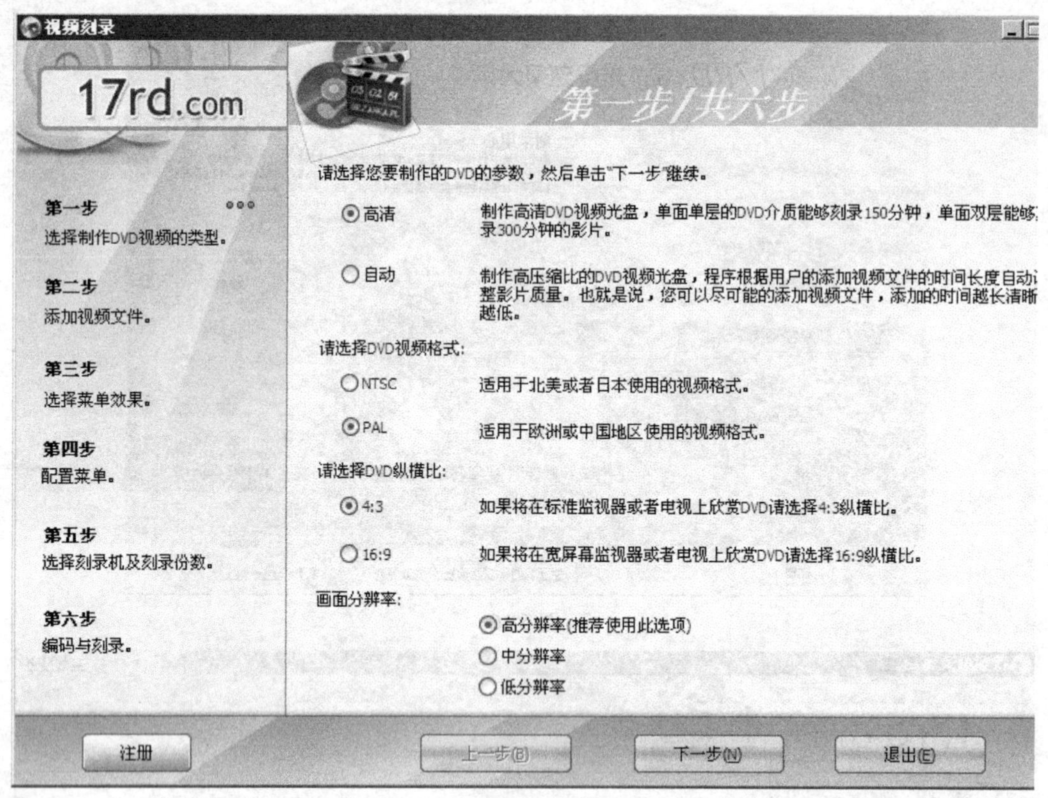

图 6-18

友情提示

SVCD(超级 VCD)采用 MPEG-2 压缩,是一种在标准 CD 媒体上存储视讯的格式。SVCD 的图像质量与体积介于 VCD 与 DVD 之间,一张普通光盘可以刻 60 minVCD,但是只能刻 40 minSVCD。此外 SVCD 还增加了多种语言字幕的功能。

④在添加视频文件界面中,单击“添加”按钮,选择要刻录的视频文件。用户可以选择多个视频文件,但是总容量不要超过刻录盘片的容量,且至少低于盘片容量 100 MB 以上。

在界面上方可以输入光盘名称,选择光盘类型,如图 6-19 所示。

⑤选择光盘菜单的类型与样式,如图 6-20 所示。

⑥如果要马上进行刻录,一定要在“刻录机”选项后面选择刻录机设备。临时文件比较大,超过 4 GB 时,放置临时目录的硬盘必须是 NTFS 格式,如图 6-21 所示。

友情提示

选择了刻录机后画面会发生改变,“写速度”可以自行调整,倍速越高刻录速度越快,但是对计算机性能要求也越高,刻录出错的几率也越高。

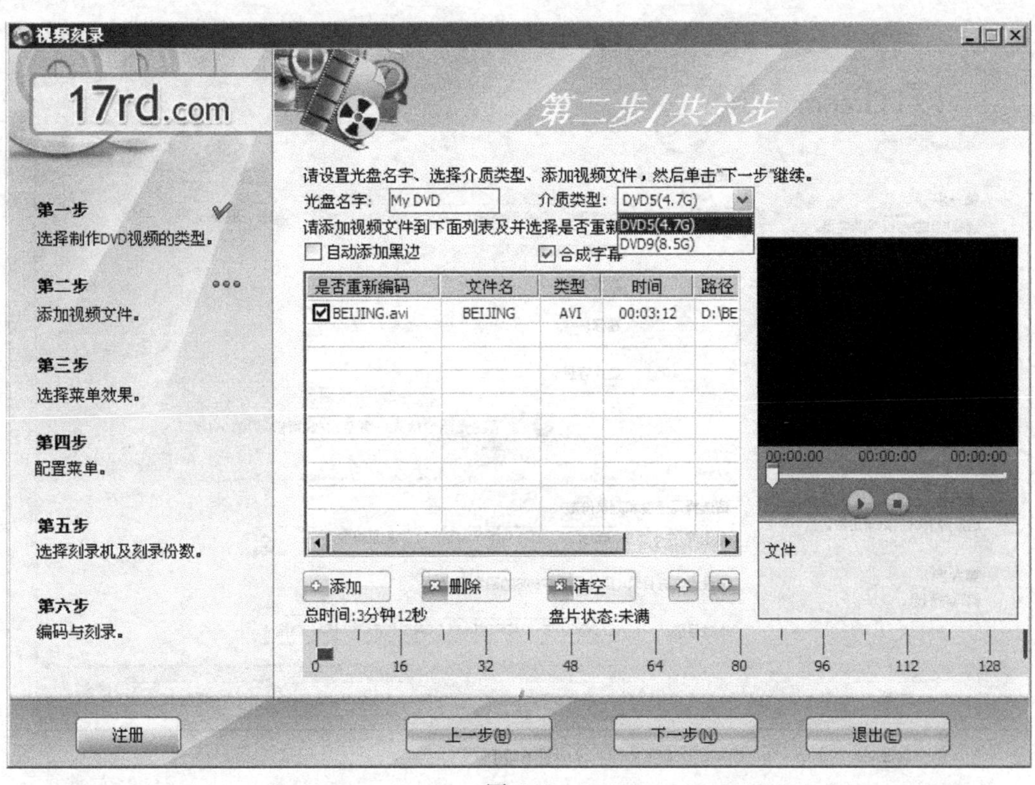
视频刻录
17rd.com
第二步/共六步
请设置光盘名字、选择介质类型、添加视频文件，然后单击"下一步"继续。
光盘名字:
My DVD
介质类型:
DVD5(4.7G)
DVD9(8.5G)
请添加视频文件到下面列表及并选择是否重新
自动添加黑边
合成字幕
是否重新编码
文件名
类型
时间
路径
BEIJING.avi
BEIJING
AVI
00:03:12
D:\BE
00:00:00
文件
添加
删除
清空
总时间:3分钟12秒
盘片状态:未满
第一步
选择制作DVD视频的类型。
第二步
添加视频文件。
第三步
选择菜单效果。
第四步
配置菜单。
第五步
选择刻录机及刻录份数。
第六步
编码与刻录。
注册
上一步(B)
下一步(N)
退出(E)

图 6-19

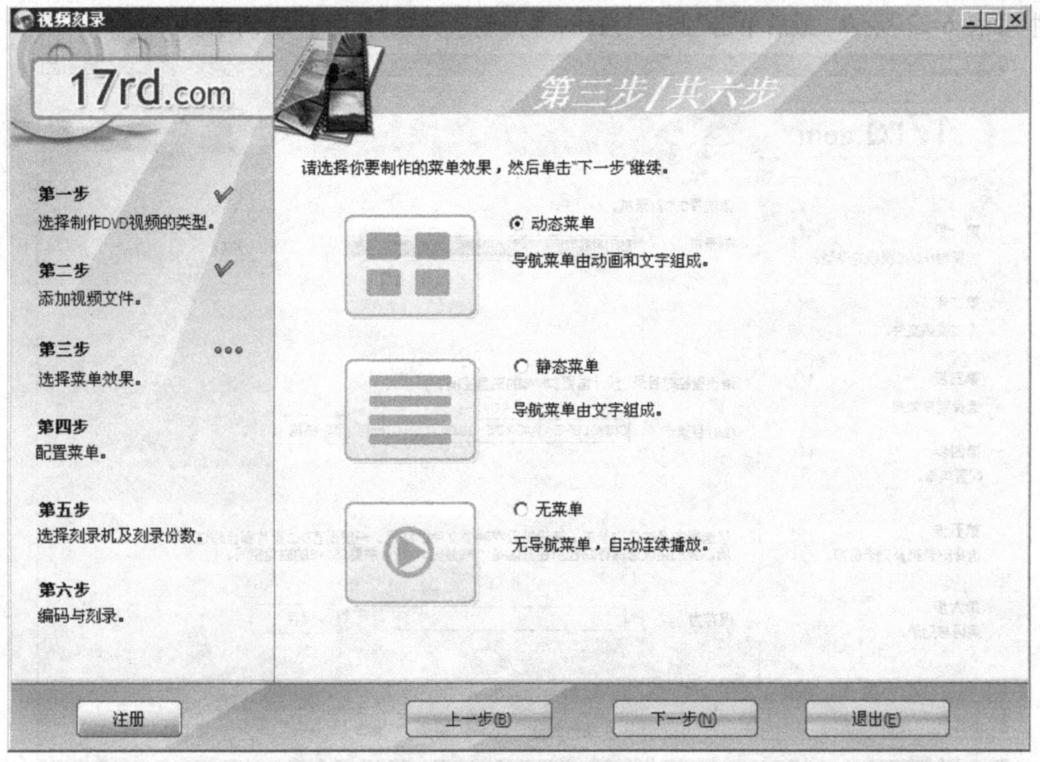
视频刻录
17rd.com
第三步/共六步
请选择你要制作的菜单效果，然后单击"下一步"继续。
动态菜单
导航菜单由动画和文字组成。
静态菜单
导航菜单由文字组成。
无菜单
无导航菜单，自动连续播放。
第一步
选择制作DVD视频的类型。
第二步
添加视频文件。
第三步
选择菜单效果。
第四步
配置菜单。
第五步
选择刻录机及刻录份数。
第六步
编码与刻录。
注册
上一步(B)
下一步(N)
退出(E)

图 6-20

图 6-21

如果计算机没有安装刻录光驱,则可以选择“制作 ISO 光盘映像文件”制作镜像光盘文件,如图 6-22 所示。最后单击“制作”按钮,等待刻录完成,如图 6-23 所示。

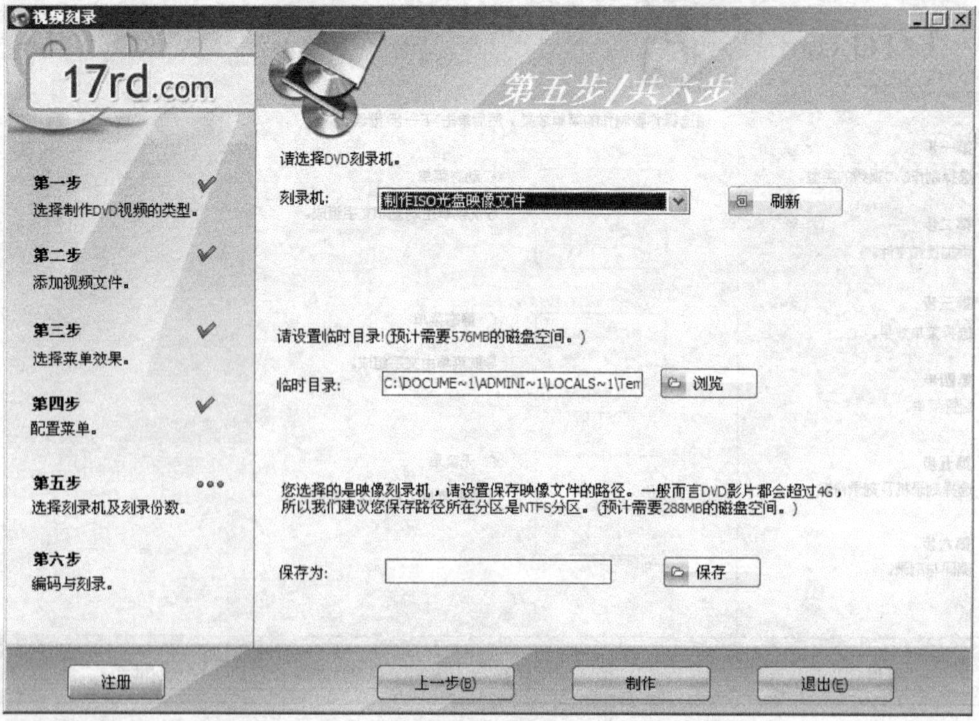

图 6-22

图 6-23

2. 刻录数据光盘

①选择“刻录中心”→“刻录数据光盘”选项，操作步骤与“制作影视光盘”类似。首先选择盘片类型，如图 6-24 所示，选择“下一步”按钮。

②在添加刻录数据界面单击“添加”按钮，在弹出的对话框中选择要进行刻录的数据，可以添加多个文件，但是总大小不要超过光盘容量，如图 6-25 所示。

③选择刻录设备，根据提示选择刻录参数，烧录速度不要选太高，同时勾选“启用防烧死技术”复选框，以保证刻录的效果，如图 6-26 所示。最后单击“烧录”按钮开始烧录，等待烧录完成。

友情提示

光盘在刻录时要注意几方面，首先是刻录机的散热，其次要选择质量好的盘片，在刻录时尽量不要满刻，关闭多余任务，不要运行大型程序。因为刻录会占用大量的系统资源，所以用户应尽可能在配置高的计算机上进行刻录。

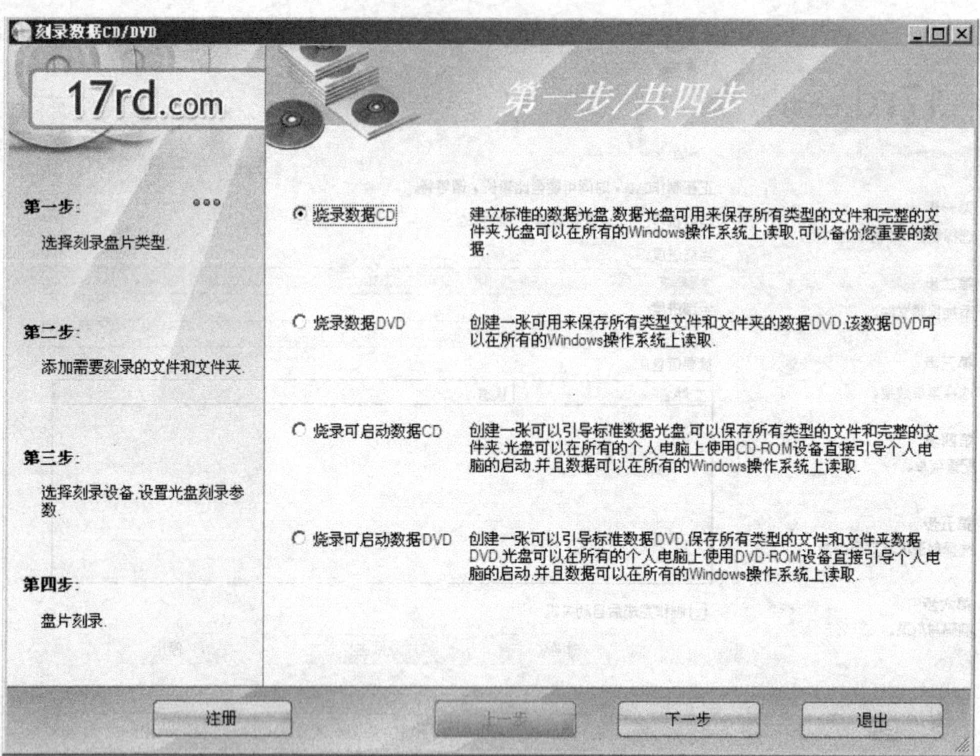
刻录数据CD/DVD
17rd.com
第一步/共四步
第一步:
选择刻录盘片类型.
第二步:
添加需要刻录的文件和文件夹.
第三步:
选择刻录设备,设置光盘刻录参数.
第四步:
盘片刻录.
烧录数据CD
建立标准的数据光盘.数据光盘可用来保存所有类型的文件和完整的文件夹.光盘可以在所有的Windows操作系统上读取.可以备份您重要的数据.
烧录数据DVD
创建一张可用来保存所有类型文件和文件夹的数据DVD.该数据DVD可以在所有的Windows操作系统上读取.
烧录可启动数据CD
创建一张可以引导标准数据光盘,可以保存所有类型的文件和完整的文件夹.光盘可以在所有的个人电脑上使用CD-ROM设备直接引导个人电脑的启动.并且数据可以在所有的Windows操作系统上读取.
烧录可启动数据DVD
创建一张可以引导标准数据DVD,保存所有类型的文件和文件夹数据DVD.光盘可以在所有的个人电脑上使用DVD-ROM设备直接引导个人电脑的启动.并且数据可以在所有的Windows操作系统上读取.
注册
上一步
下一步
退出

图 6-24

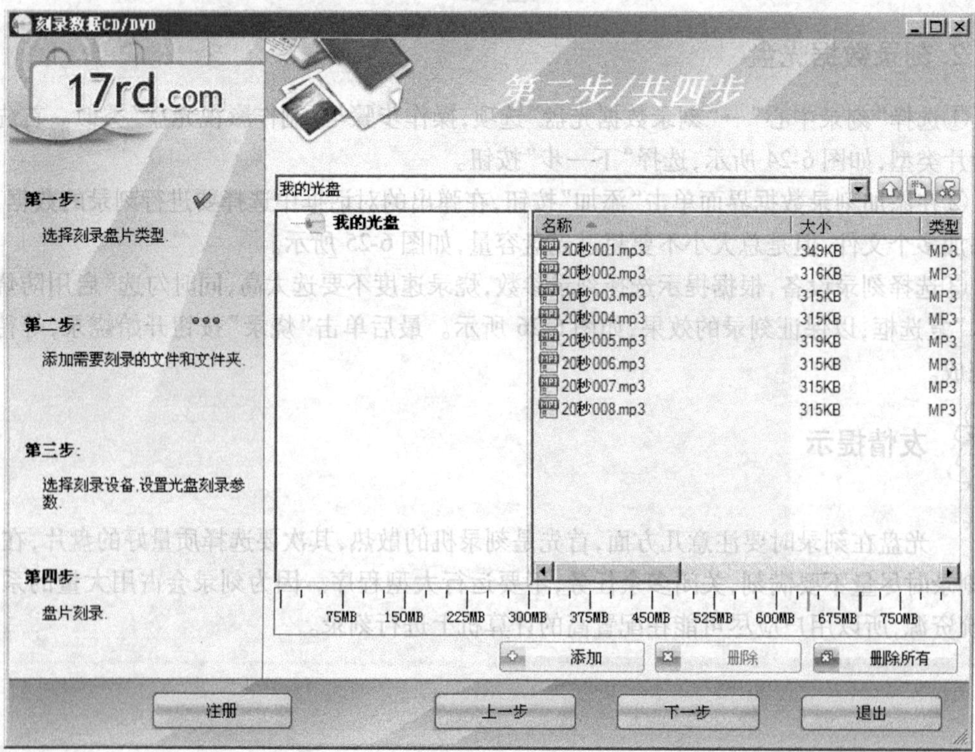
刻录数据CD/DVD
17rd.com
第二步/共四步
第一步:
选择刻录盘片类型.
第二步:
添加需要刻录的文件和文件夹.
第三步:
选择刻录设备,设置光盘刻录参数.
第四步:
盘片刻录.
我的光盘
我的光盘
名称 大小 类型
20秒001.mp3 349KB MP3
20秒002.mp3 316KB MP3
20秒003.mp3 315KB MP3
20秒004.mp3 315KB MP3
20秒005.mp3 319KB MP3
20秒006.mp3 315KB MP3
20秒007.mp3 315KB MP3
20秒008.mp3 315KB MP3
75MB 150MB 225MB 300MB 375MB 450MB 525MB 600MB 675MB 750MB
添加
删除
删除所有
注册
上一步
下一步
退出

图 6-25

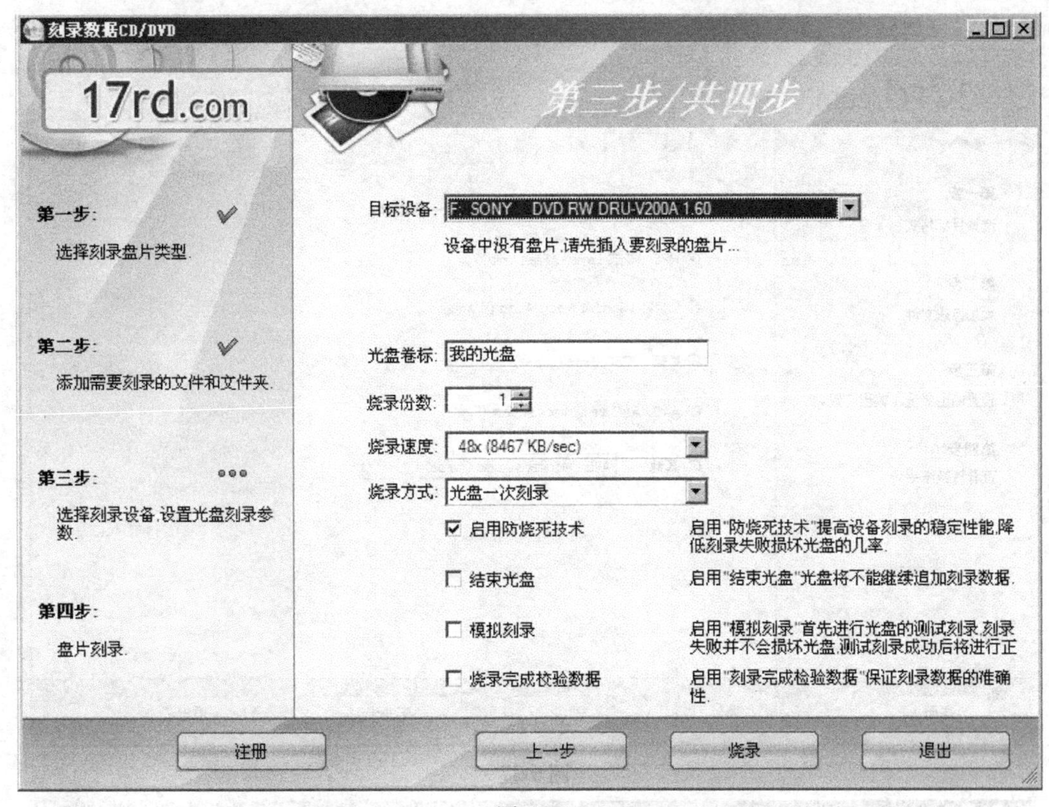

图 6-26

【做一做】

刻录一张音乐镜像光盘,使用“DAEMON Tools”导入。

3. 辅助工具

(1)音乐转换

①在主界面“多媒体辅助工具”中选择“音乐转换”。

②在弹出界面中选择要生成的音频文件格式,如图 6-27 所示。

③添加需要转换的音频文件,单击“下一步”按钮设置输出质量和位置,如图 6-28 所示。

④最后单击“下一步”按钮开始进行转换,如图 6-29 所示。

在“多媒体辅助工具”中选择“视频转换”,通过类似的操作步骤,可以完成视频文件格式的转换。

(2)视频分割

有时用户会向网络上的其他用户传输视频资料,如果上传资料过大,可能无法一次传完,这时可以通过光盘刻录大师提供的工具把视频文件分割成多个文件,进行多次传输。

①选择主界面中“多媒体辅助工具”里的“视频分割”。

②加载要进行分割的视频文件,界面中会显示视频文件的基本信息,如图 6-30 所示,用户可在右侧“预览框”预览视频。

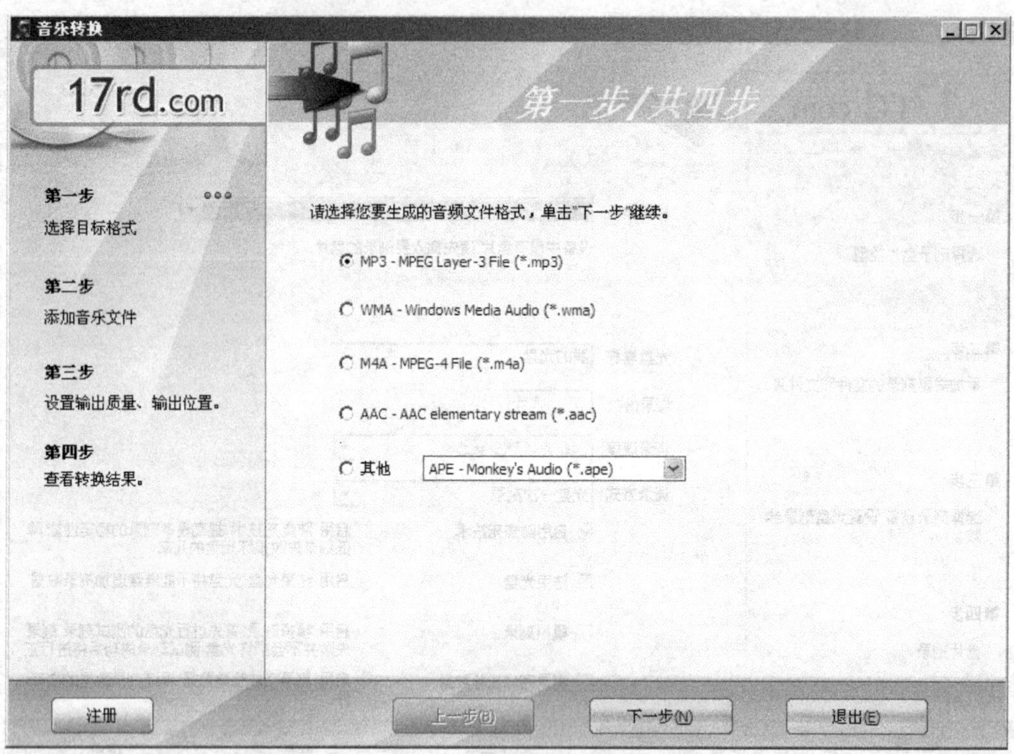
音乐转换
17rd.com
第一步/共四步
第一步
选择目标格式
第二步
添加音乐文件
第三步
设置输出质量、输出位置。
第四步
查看转换结果。
请选择您要生成的音频文件格式，单击"下一步"继续。
MP3 - MPEG Layer-3 File (*.mp3)
WMA - Windows Media Audio (*.wma)
M4A - MPEG-4 File (*.m4a)
AAC - AAC elementary stream (*.aac)
其他
APE - Monkey's Audio (*.ape)
注册
上一步(B)
下一步(N)
退出(E)

图 6-27

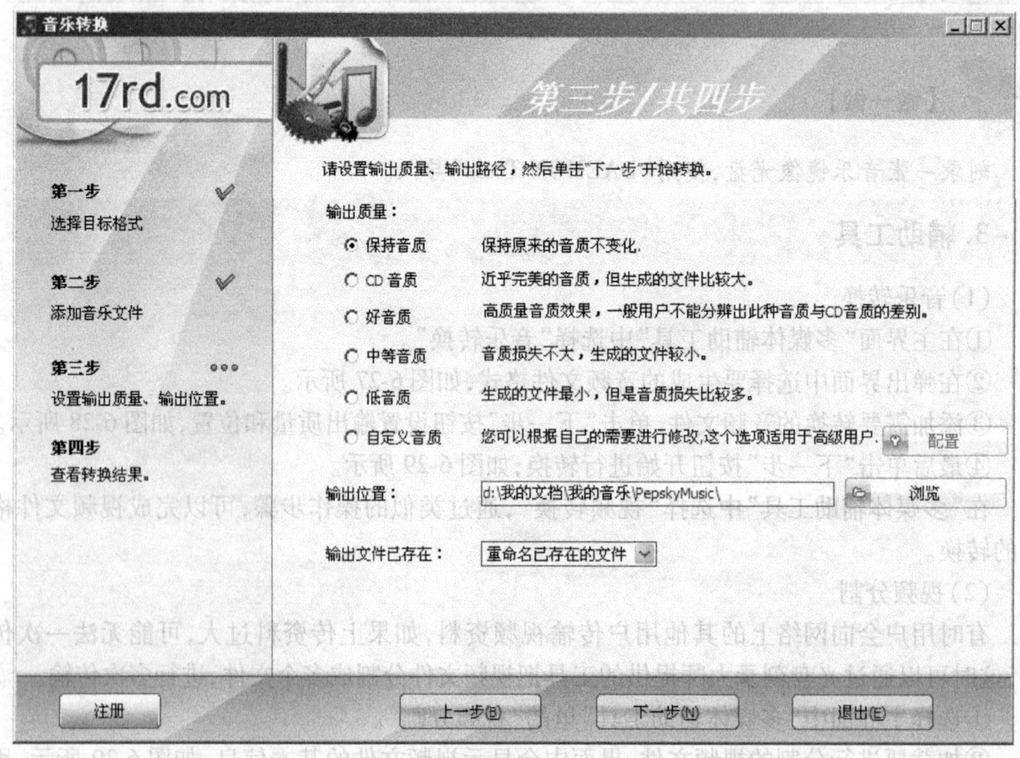
音乐转换
17rd.com
第三步/共四步
第一步
选择目标格式
第二步
添加音乐文件
第三步
设置输出质量、输出位置。
第四步
查看转换结果。
请设置输出质量、输出路径，然后单击"下一步"开始转换。
输出质量：
保持音质
保持原来的音质不变化.
CD 音质
近乎完美的音质，但生成的文件比较大。
好音质
高质量音质效果，一般用户不能分辨出此种音质与CD音质的差别。
中等音质
音质损失不大，生成的文件较小。
低音质
生成的文件最小，但是音质损失比较多。
自定义音质
您可以根据自己的需要进行修改,这个选项适用于高级用户.
配置
输出位置：
d:\我的文档\我的音乐\PepskyMusic\
浏览
输出文件已存在：
重命名已存在的文件
注册
上一步(B)
下一步(N)
退出(E)

图 6-28

音乐转换

17rd.com

第四步/共四步

第一步
选择目标格式

第二步
添加音乐文件

第三步
设置输出质量、输出位置。

第四步
查看转换结果。

请稍等，正在完成音乐转换……

当前处理：30秒001.mp3

当前进度：5%

总进度：11%

下面列表将会整理文件转换的结果信息：

文件名	格式	状态
30秒009	mp3	转换成功完成!

停止

注册　上一步(B)　下一步(N)　退出(E)

图 6-29

图 6-30

③设置分割点，光盘刻录大师提供了多种分割方式供用户选择，如图 6-31 所示。

图 6-31

④设置输出位置，单击"下一步"按钮开始分割，如图 6-32 所示。

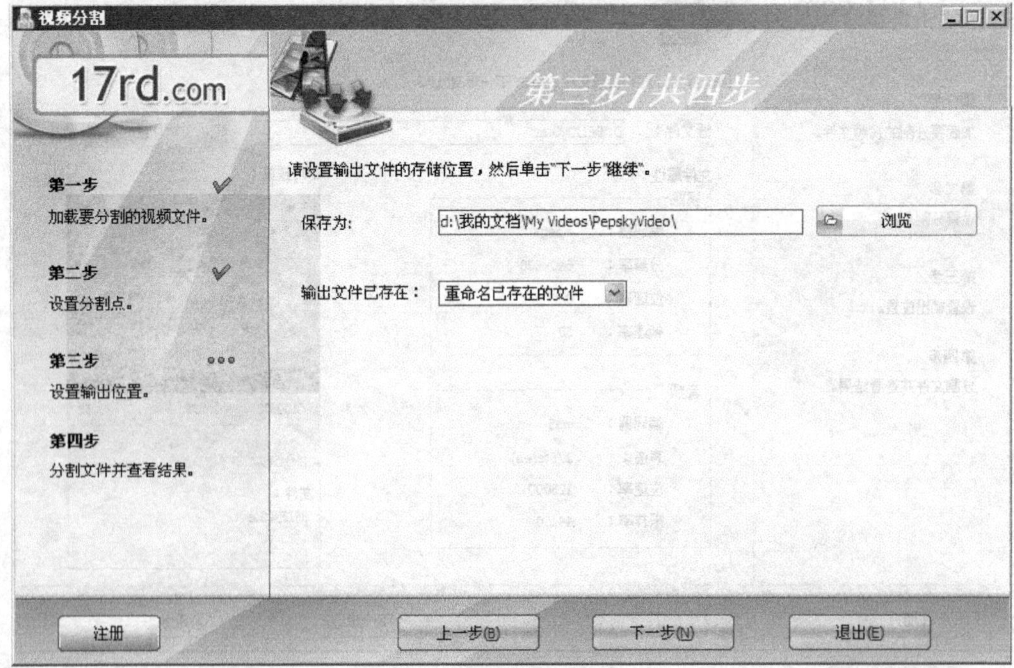

图 6-32

⑤分割完成,软件会自动给片段命名,如图 6-33 所示。

图 6-33

同样,我们选择“多媒体辅助工具”中的“音频分割”,可对音频文件进行分割。光盘刻录大师是一个功能繁多的软件,这里就不一一列举了,读者可以根据自身需要,按照操作提示尝试其他功能。

【做一做】

使用软件中的视频分割功能,将“…\素材\视频\教学视频. mpg”文件分割为 4 段。

练习与思考

(1)刻录一张光盘(如果没有刻录光驱,刻录映像光盘)。

(2)将音频文件转换成 MP3 格式。

(3)将视频文件转换为手机格式(MP4,3GP 等),尝试导入手机观看。

系统测试与维护

模块概述

测试计算机就是在不打开机箱的情况下，通过查看系统信息和测试系统性能了解计算机的信息；维护则包括计算机的日常使用维护。用户可以使用操作系统自带的工具进行相关测试和维护，但是步骤较为烦琐，所以我们一般都是通过相关软件来进行测试和维护。

通过本模块学习，应当达到以下目标：

◆能够使用测试软件查看计算机的软硬件系统信息；
◆能够使用测试软件检测计算机性能；
◆能够使用软件对计算机软件系统进行管理、清理与优化。

任务一 系统测试软件——Everest Ultimate

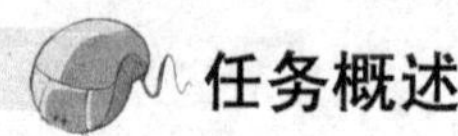

任务概述

系统检测是指检测当前硬件、软件的应用情况，硬件的使用效率；软件与硬件、其他软件的兼容性等，从中发现问题，方便用户改善，就如同人们做体检一样。

Everest Ultimate 是一个测试软硬件系统信息的工具，它可以详细地显示出计算机每一个方面的信息，支持上千种主板与上百种显卡，支持对并口/串口/USB 这些 PnP 设备的检测，支持对各式各样的处理器的侦测。经过几次大的更新，现在的 Everest Ultimate 已经具备了相当的硬件测试能力，可以让用户对自己计算机的性能有一个直观全面的认识。

目前 Everest Home 支持包括中文在内的 30 种语言，让用户轻松使用，主界面如图7-1 所示。

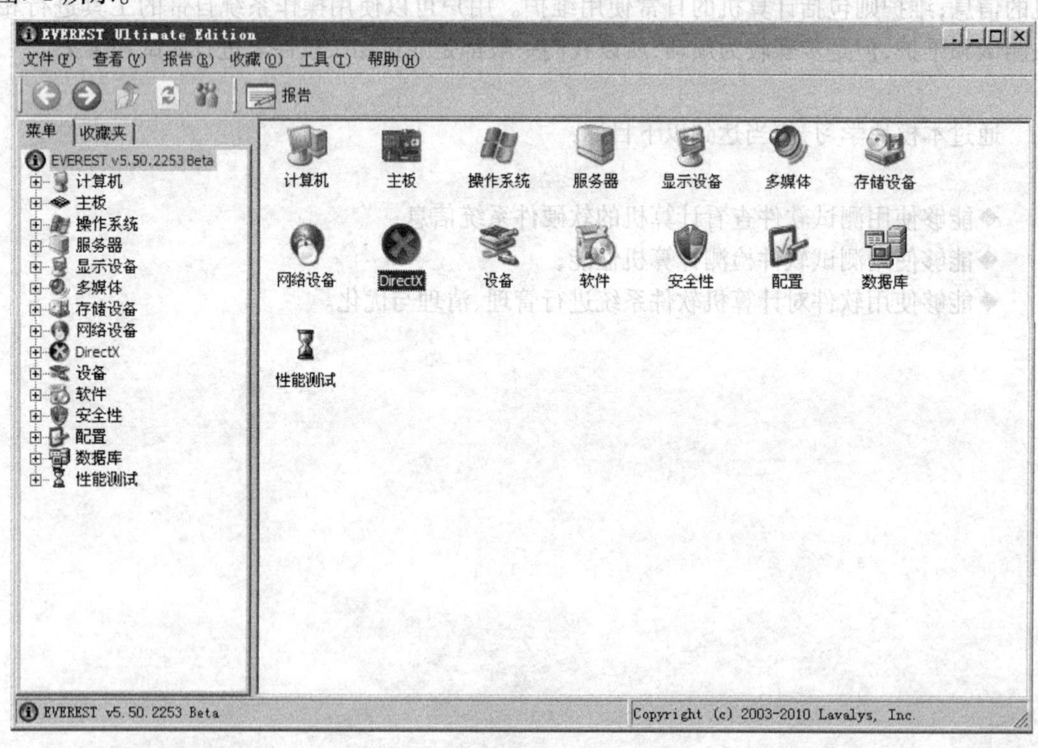

图 7-1

1. 查看主机主要硬件参数

在软件左侧的树形目录中可以看到检测的各种项目。

单击“主板”，在右侧可以看到 CPU、内存、主板等具体的检测项目，如图 7-2 所示。

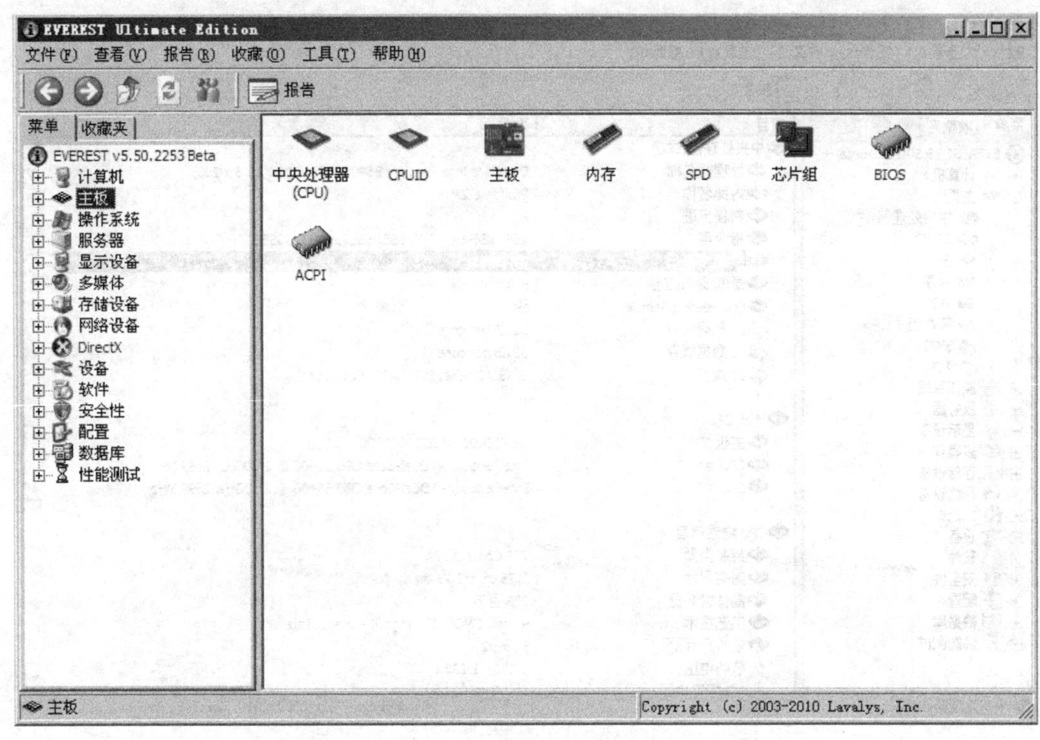

图 7-2

(1)CPU

单击"主板"→"中央处理器(CPU)",可以看到 CPU 的相关信息,包括处理器的名称、指令集等。其中"原始频率"指的是 CPU 的主频,是衡量 CPU 性能最主要的参数,数值越高越好,如图 7-3 所示。

(2)主板

单击"主板",可查看主板的相关信息,如图 7-4 所示。

单击"芯片组"可以看到主板南北桥芯片的具体信息,如图 7-5 所示。北桥芯片是主板上最重要的一块芯片,负责 CPU 与内存的联系、内存的管理(现在部分 CPU 具备内存管理功能)、图形处理等工作。

(3)内存

单击"内存"可以查看物理内存与虚拟内存,如图 7-6 所示。

虚拟内存是指匀出一部分硬盘空间来充当内存使用。当内存耗尽时,计算机就会自动调用硬盘空间来充当内存,以缓解内存的紧张。通常,应设置为物理内存大小的 1.5 ~2 倍,可以通过操作系统设置。

单击"SPD"选项,可看到主板上安装的所有内存条,以及内存条的具体参数,如图 7-7 所示。

(4)显示卡

查看"显示卡"相关信息,选择"显示设备"中的"图形处理器(GPU)",如图 7-8 所示。

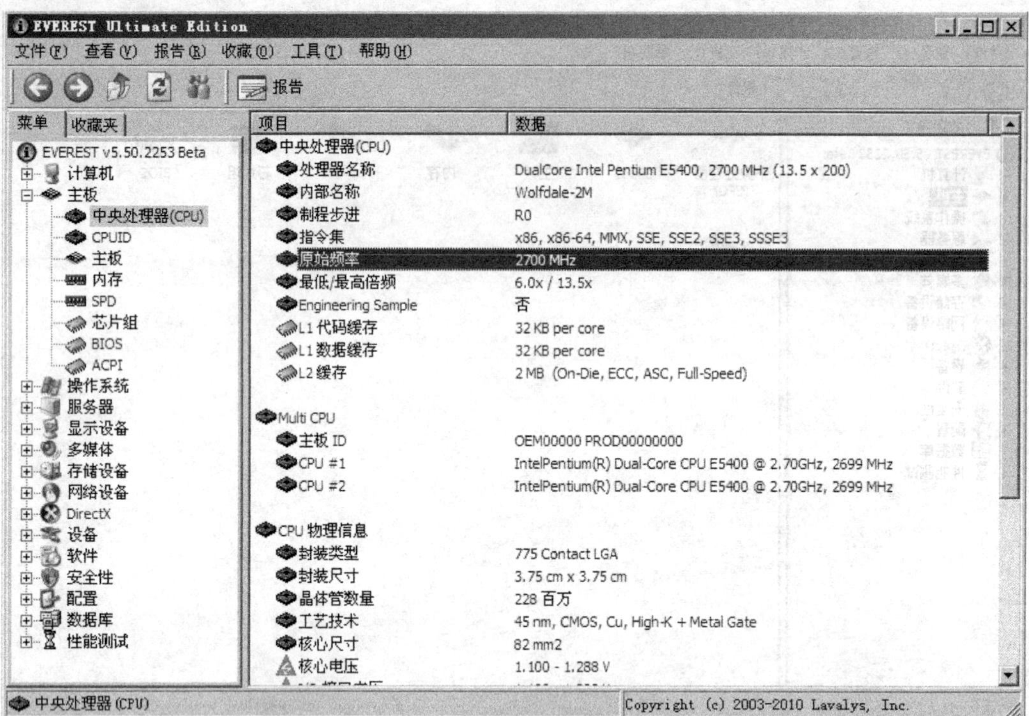
EVEREST Ultimate Edition
文件(F) 查看(V) 报告(R) 收藏(O) 工具(T) 帮助(H)
报告
菜单 收藏夹
EVEREST v5.50.2253 Beta
计算机
主板
中央处理器(CPU)
CPUID
主板
内存
SPD
芯片组
BIOS
ACPI
操作系统
服务器
显示设备
多媒体
存储设备
网络设备
DirectX
设备
软件
安全性
配置
数据库
性能测试
项目 数据
中央处理器(CPU)
处理器名称 DualCore Intel Pentium E5400, 2700 MHz (13.5 x 200)
内部名称 Wolfdale-2M
制程步进 R0
指令集 x86, x86-64, MMX, SSE, SSE2, SSE3, SSSE3
原始频率 2700 MHz
最低/最高倍频 6.0x / 13.5x
Engineering Sample 否
L1 代码缓存 32 KB per core
L1 数据缓存 32 KB per core
L2 缓存 2 MB (On-Die, ECC, ASC, Full-Speed)
Multi CPU
主板 ID OEM00000 PROD00000000
CPU #1 IntelPentium(R) Dual-Core CPU E5400 @ 2.70GHz, 2699 MHz
CPU #2 IntelPentium(R) Dual-Core CPU E5400 @ 2.70GHz, 2699 MHz
CPU 物理信息
封装类型 775 Contact LGA
封装尺寸 3.75 cm x 3.75 cm
晶体管数量 228 百万
工艺技术 45 nm, CMOS, Cu, High-K + Metal Gate
核心尺寸 82 mm2
核心电压 1.100 - 1.288 V
中央处理器(CPU)
Copyright (c) 2003-2010 Lavalys, Inc.

图 7-3

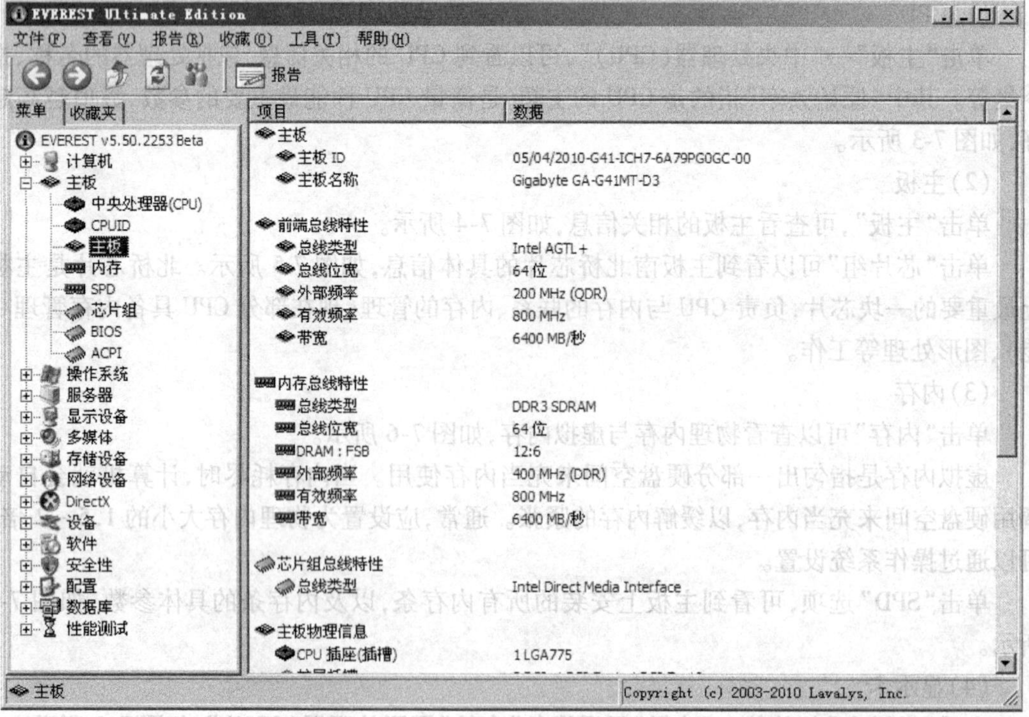
EVEREST Ultimate Edition
文件(F) 查看(V) 报告(R) 收藏(O) 工具(T) 帮助(H)
报告
菜单 收藏夹
EVEREST v5.50.2253 Beta
计算机
主板
中央处理器(CPU)
CPUID
主板
内存
SPD
芯片组
BIOS
ACPI
操作系统
服务器
显示设备
多媒体
存储设备
网络设备
DirectX
设备
软件
安全性
配置
数据库
性能测试
项目 数据
主板
主板 ID 05/04/2010-G41-ICH7-6A79PG0GC-00
主板名称 Gigabyte GA-G41MT-D3
前端总线特性
总线类型 Intel AGTL+
总线位宽 64 位
外部频率 200 MHz (QDR)
有效频率 800 MHz
带宽 6400 MB/秒
内存总线特性
总线类型 DDR3 SDRAM
总线位宽 64 位
DRAM : FSB 12:6
外部频率 400 MHz (DDR)
有效频率 800 MHz
带宽 6400 MB/秒
芯片组总线特性
总线类型 Intel Direct Media Interface
主板物理信息
CPU 插座(插槽) 1 LGA775
主板
Copyright (c) 2003-2010 Lavalys, Inc.

图 7-4

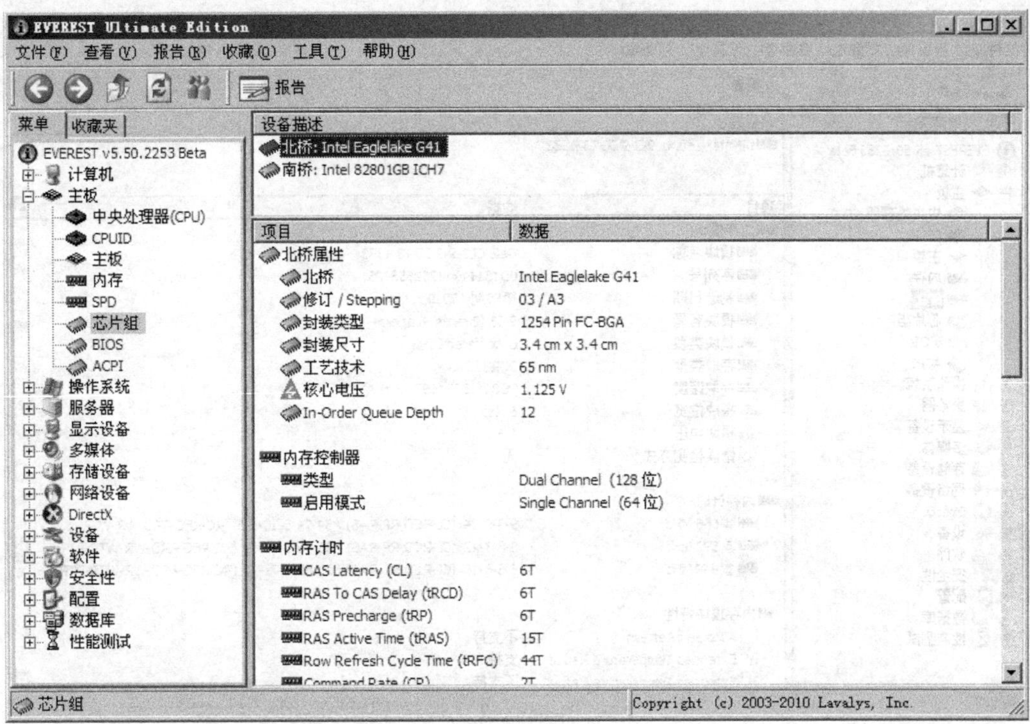
EVEREST Ultimate Edition
文件(F) 查看(V) 报告(R) 收藏(O) 工具(T) 帮助(H)
报告
菜单 收藏夹
EVEREST v5.50.2253 Beta
计算机
主板
中央处理器(CPU)
CPUID
主板
内存
SPD
芯片组
BIOS
ACPI
操作系统
服务器
显示设备
多媒体
存储设备
网络设备
DirectX
设备
软件
安全性
配置
数据库
性能测试
设备描述
北桥: Intel Eaglelake G41
南桥: Intel 82801GB ICH7
项目 数据
北桥属性
北桥 Intel Eaglelake G41
修订 / Stepping 03 / A3
封装类型 1254 Pin FC-BGA
封装尺寸 3.4 cm x 3.4 cm
工艺技术 65 nm
核心电压 1.125 V
In-Order Queue Depth 12
内存控制器
类型 Dual Channel (128 位)
启用模式 Single Channel (64 位)
内存计时
CAS Latency (CL) 6T
RAS To CAS Delay (tRCD) 6T
RAS Precharge (tRP) 6T
RAS Active Time (tRAS) 15T
Row Refresh Cycle Time (tRFC) 44T
芯片组
Copyright (c) 2003-2010 Lavalys, Inc.

图 7-5

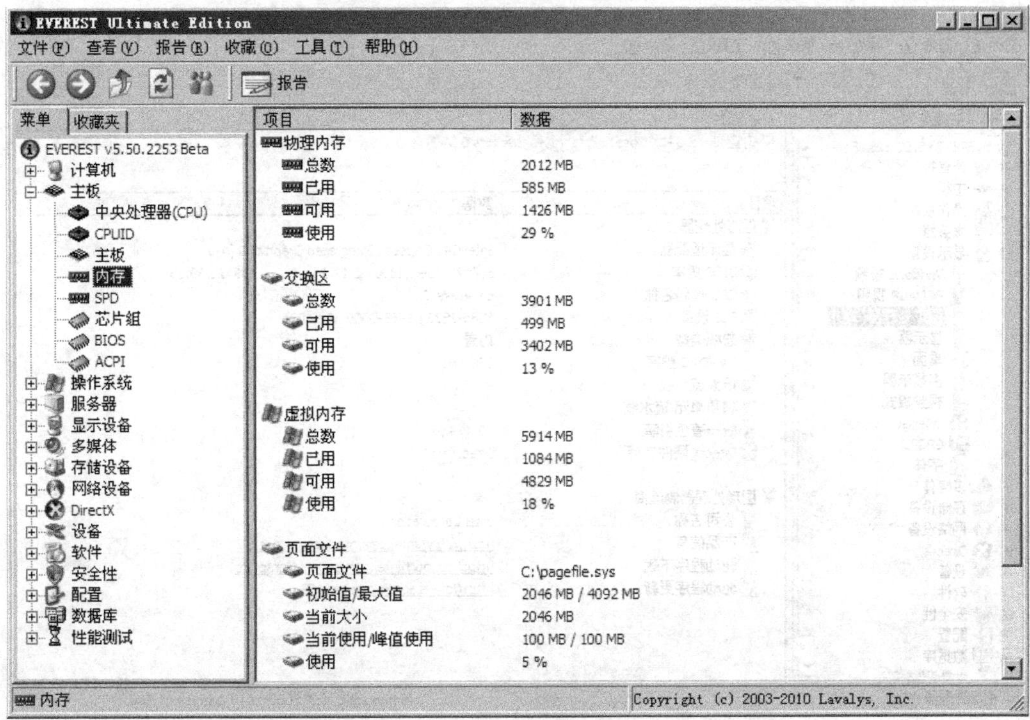
EVEREST Ultimate Edition
文件(F) 查看(V) 报告(R) 收藏(O) 工具(T) 帮助(H)
报告
菜单 收藏夹
EVEREST v5.50.2253 Beta
计算机
主板
中央处理器(CPU)
CPUID
主板
内存
SPD
芯片组
BIOS
ACPI
操作系统
服务器
显示设备
多媒体
存储设备
网络设备
DirectX
设备
软件
安全性
配置
数据库
性能测试
项目 数据
物理内存
总数 2012 MB
已用 585 MB
可用 1426 MB
使用 29 %
交换区
总数 3901 MB
已用 499 MB
可用 3402 MB
使用 13 %
虚拟内存
总数 5914 MB
已用 1084 MB
可用 4829 MB
使用 18 %
页面文件
页面文件 C:\pagefile.sys
初始值/最大值 2046 MB / 4092 MB
当前大小 2046 MB
当前使用/峰值使用 100 MB / 100 MB
使用 5 %
内存
Copyright (c) 2003-2010 Lavalys, Inc.

图 7-6

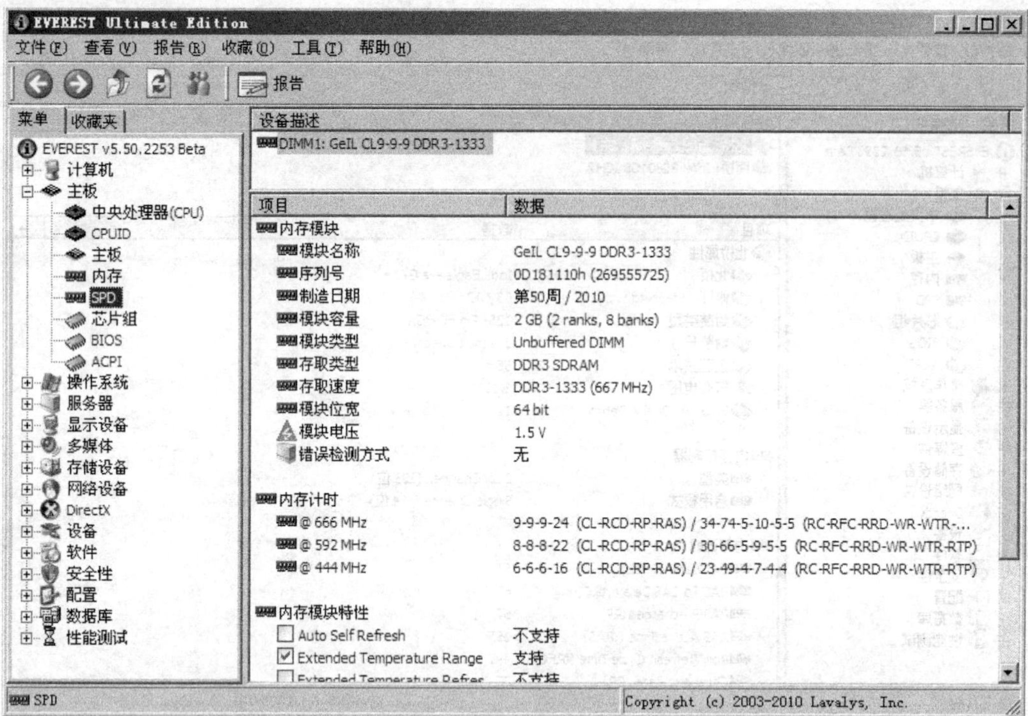

图 7-7

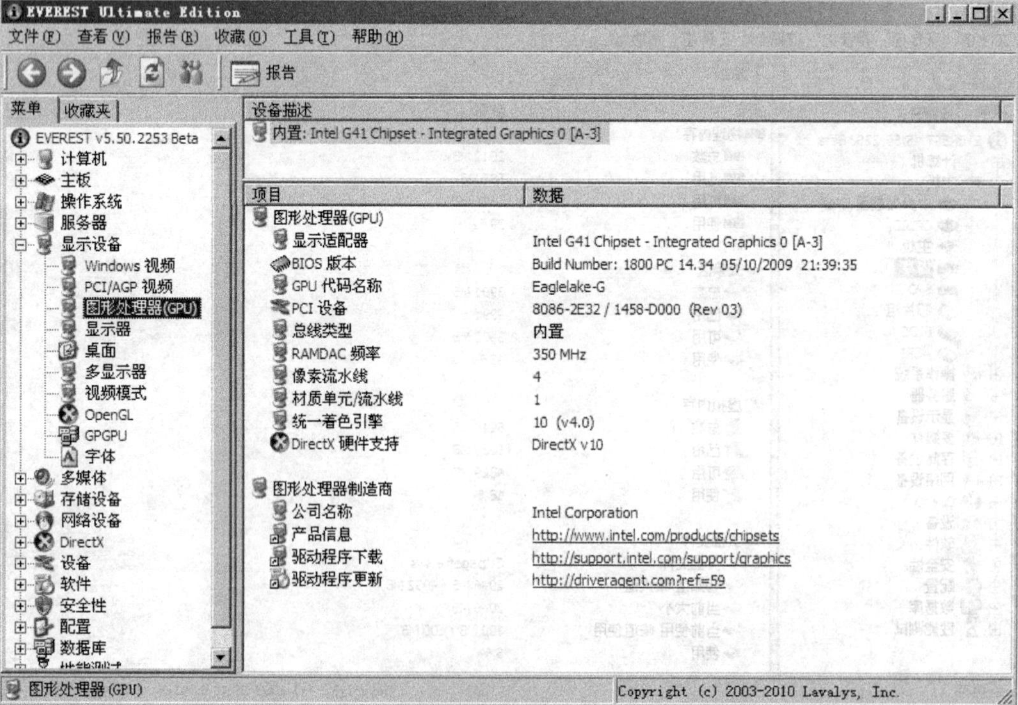

图 7-8

（5）接口设备

要查看即插即用设备USB设备等，则单击"设备"，可以看到各种总线接口，如图7-9所示。

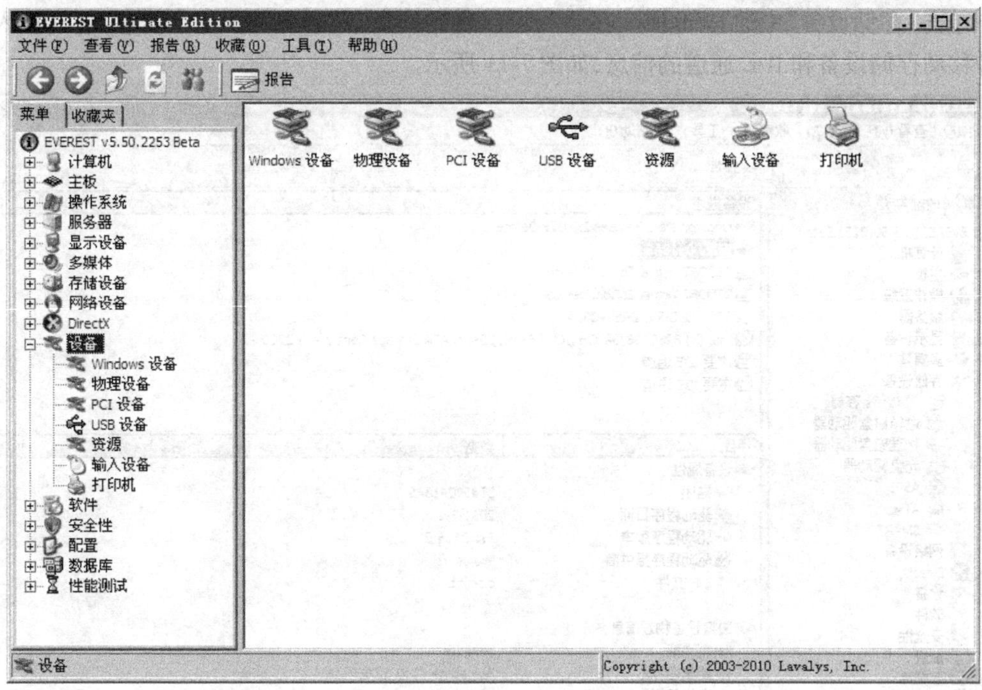

图7-9

单击"USB设备"，可以看到USB接口的相关信息，如图7-10所示。

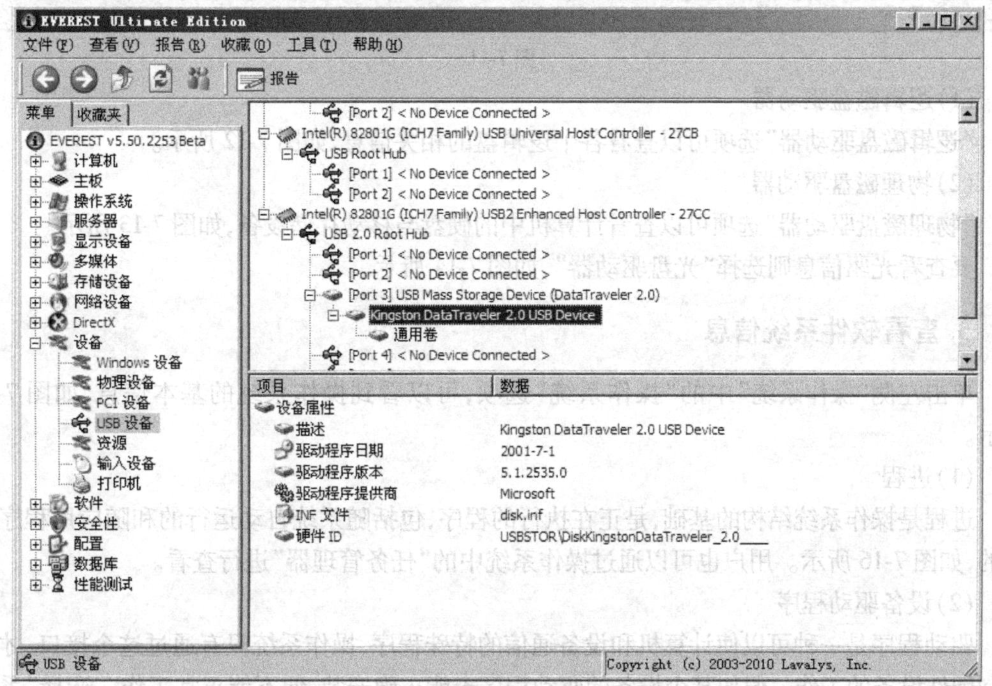

图7-10

2. 查看外部存储设备

单击“存储设备”中的“Windows 存储”，可以看到硬盘、光驱型号及基本信息，包括接入的各种移动存储设备和 IDE 通道的信息，如图 7-11 所示。

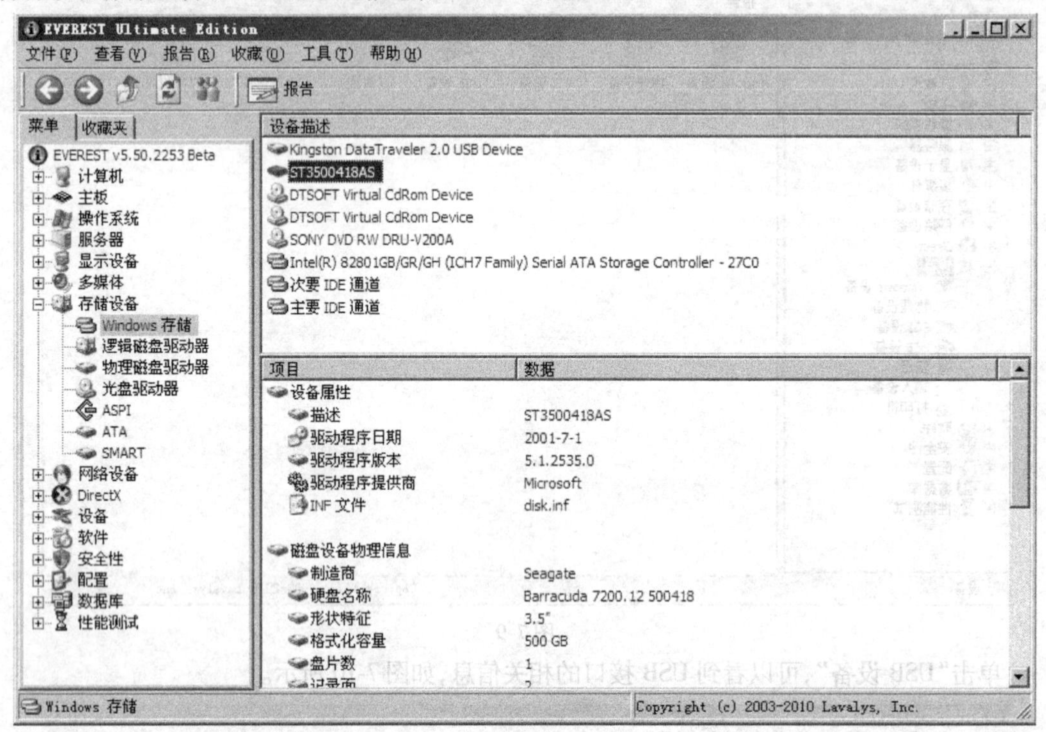

图 7-11

(1)逻辑磁盘驱动器

“逻辑磁盘驱动器”选项可以查看各个逻辑盘的相关信息，如图 7-12 所示。

(2)物理磁盘驱动器

“物理磁盘驱动器”选项可以查看计算机中的硬盘与移动存储设备，如图 7-13 所示。

要查看光驱信息则选择“光盘驱动器”，如图 7-14 所示。

3. 查看软件系统信息

单击左侧“操作系统”中的“操作系统”选项，可以看到操作系统的基本信息，如图 7-15 所示。

(1)进程

进程是操作系统结构的基础，是正在执行的程序，包括随系统自动运行的和随应用程序启动的，如图 7-16 所示。用户也可以通过操作系统中的“任务管理器”进行查看。

(2)设备驱动程序

驱动程序是一种可以使计算机和设备通信的特殊程序，操作系统只有通过这个接口，才能控制硬件设备的工作。假如某个设备的驱动程序未能正确安装，便不能正常工作。选择“系统驱动程序”选项可以查看所有已安装的驱动程序，如图 7-17 所示。

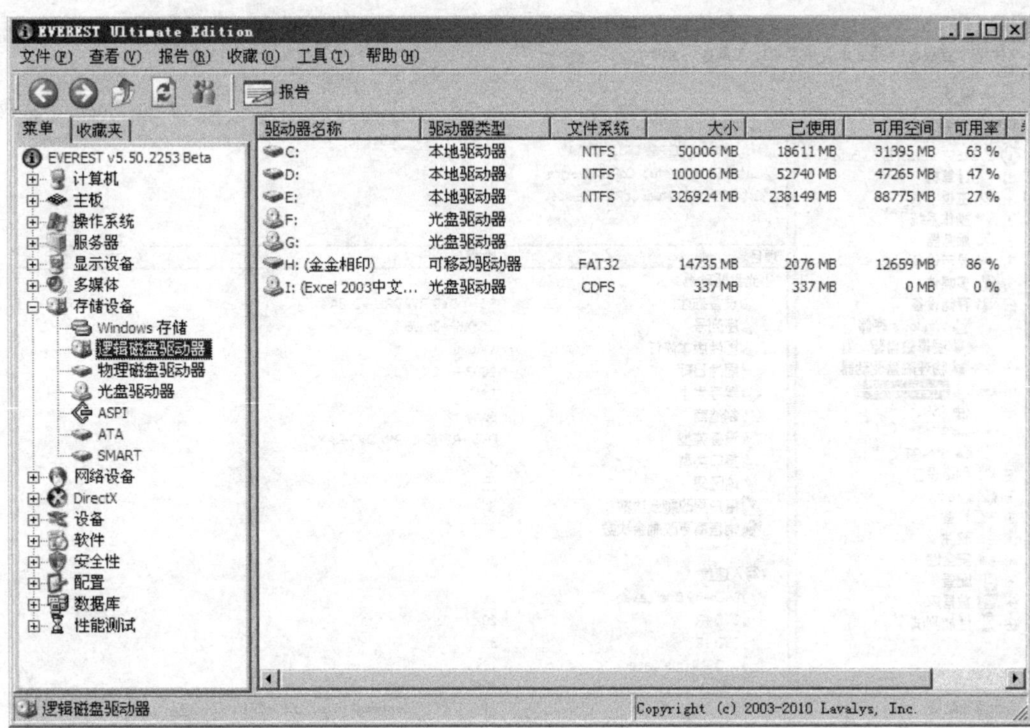

图 7-12

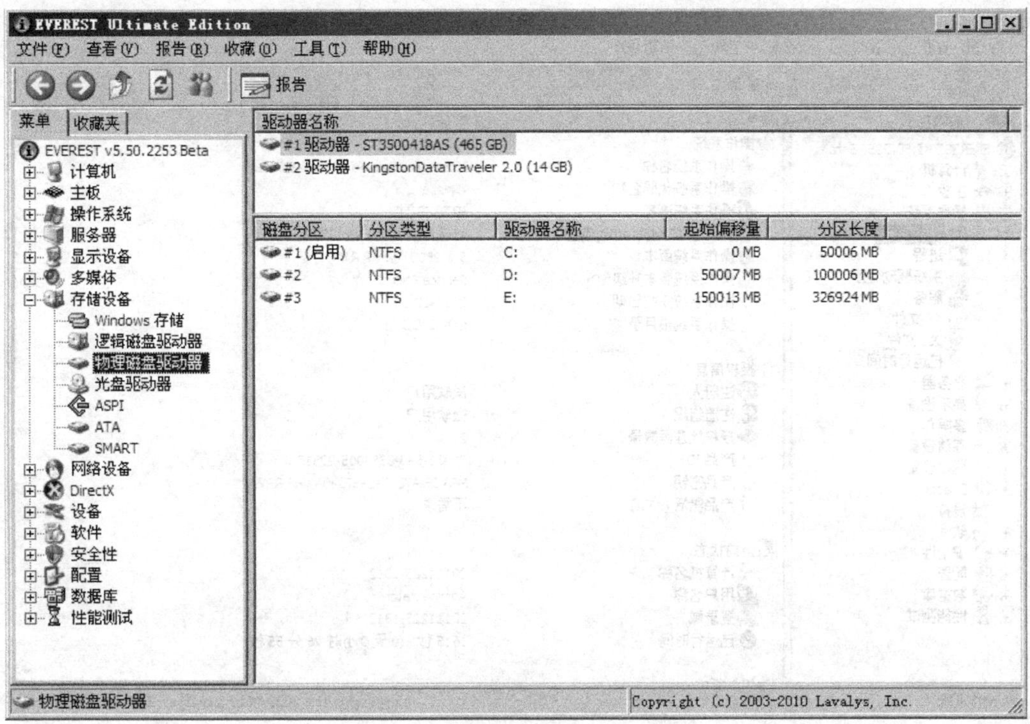

图 7-13

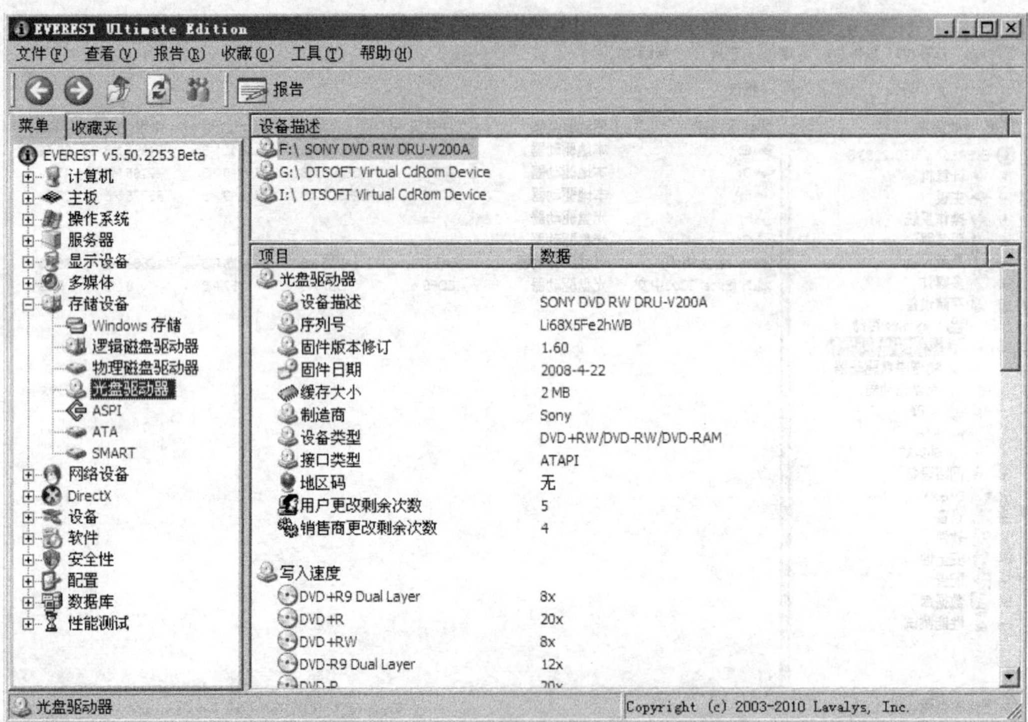
EVEREST Ultimate Edition
文件(F) 查看(V) 报告(R) 收藏(O) 工具(T) 帮助(H)
报告
菜单 收藏夹
EVEREST v5.50.2253 Beta
计算机
主板
操作系统
服务器
显示设备
多媒体
存储设备
Windows 存储
逻辑磁盘驱动器
物理磁盘驱动器
光盘驱动器
ASPI
ATA
SMART
网络设备
DirectX
设备
软件
安全性
配置
数据库
性能测试
设备描述
F:\ SONY DVD RW DRU-V200A
G:\ DTSOFT Virtual CdRom Device
I:\ DTSOFT Virtual CdRom Device
项目 数据
光盘驱动器
设备描述 SONY DVD RW DRU-V200A
序列号 Li68X5Fe2hWB
固件版本修订 1.60
固件日期 2008-4-22
缓存大小 2 MB
制造商 Sony
设备类型 DVD+RW/DVD-RW/DVD-RAM
接口类型 ATAPI
地区码 无
用户更改剩余次数 5
销售商更改剩余次数 4
写入速度
DVD+R9 Dual Layer 8x
DVD+R 20x
DVD+RW 8x
DVD-R9 Dual Layer 12x
光盘驱动器
Copyright (c) 2003-2010 Lavalys, Inc.

图 7-14

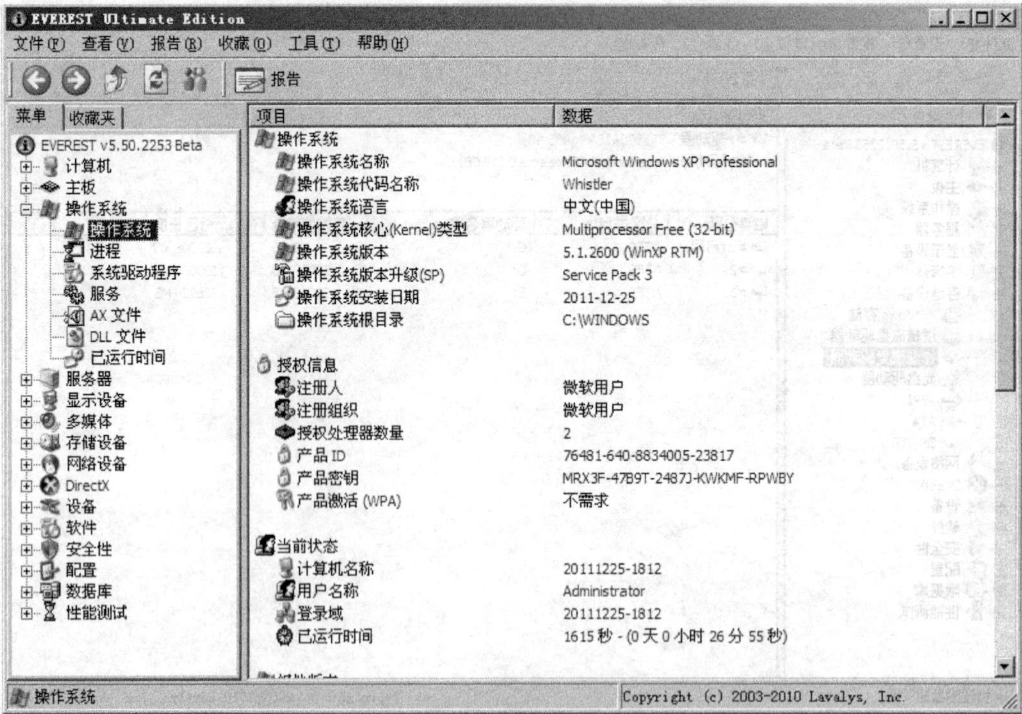
EVEREST Ultimate Edition
文件(F) 查看(V) 报告(R) 收藏(O) 工具(T) 帮助(H)
报告
菜单 收藏夹
EVEREST v5.50.2253 Beta
计算机
主板
操作系统
操作系统
进程
系统驱动程序
服务
AX 文件
DLL 文件
已运行时间
服务器
显示设备
多媒体
存储设备
网络设备
DirectX
设备
软件
安全性
配置
数据库
性能测试
项目 数据
操作系统
操作系统名称 Microsoft Windows XP Professional
操作系统代码名称 Whistler
操作系统语言 中文(中国)
操作系统核心(Kernel)类型 Multiprocessor Free (32-bit)
操作系统版本 5.1.2600 (WinXP RTM)
操作系统版本升级(SP) Service Pack 3
操作系统安装日期 2011-12-25
操作系统根目录 C:\WINDOWS
授权信息
注册人 微软用户
注册组织 微软用户
授权处理器数量 2
产品 ID 76481-640-8834005-23817
产品密钥 MRX3F-47B9T-2487J-KWKMF-RPWBY
产品激活 (WPA) 不需求
当前状态
计算机名称 20111225-1812
用户名称 Administrator
登录域 20111225-1812
已运行时间 1615 秒 - (0 天 0 小时 26 分 55 秒)
操作系统
Copyright (c) 2003-2010 Lavalys, Inc.

图 7-15

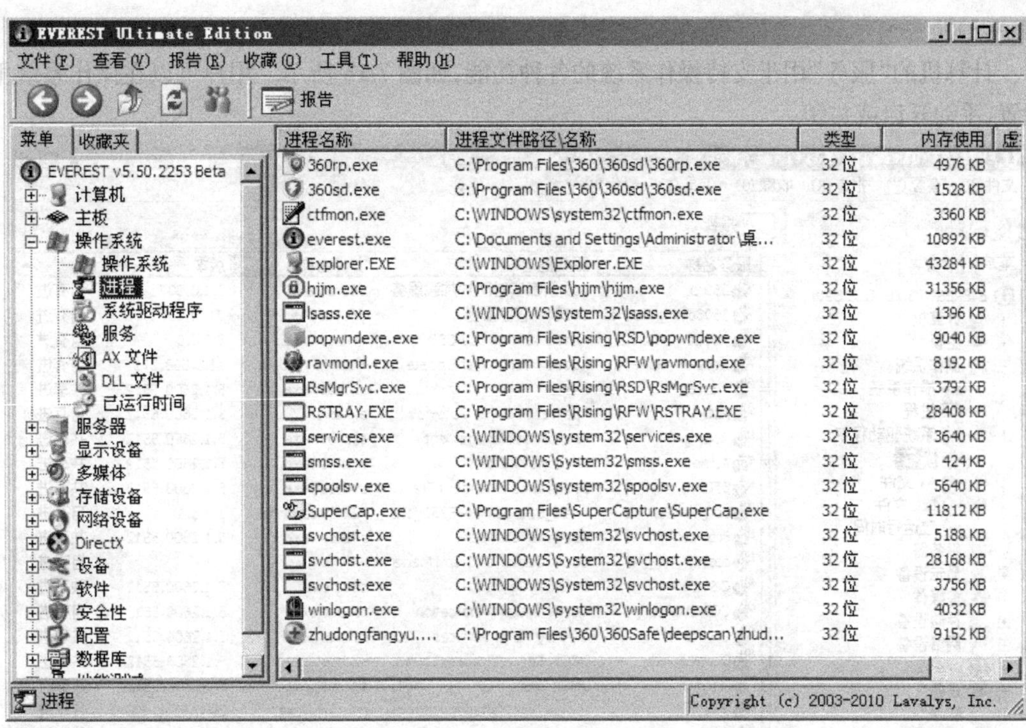

图 7-16

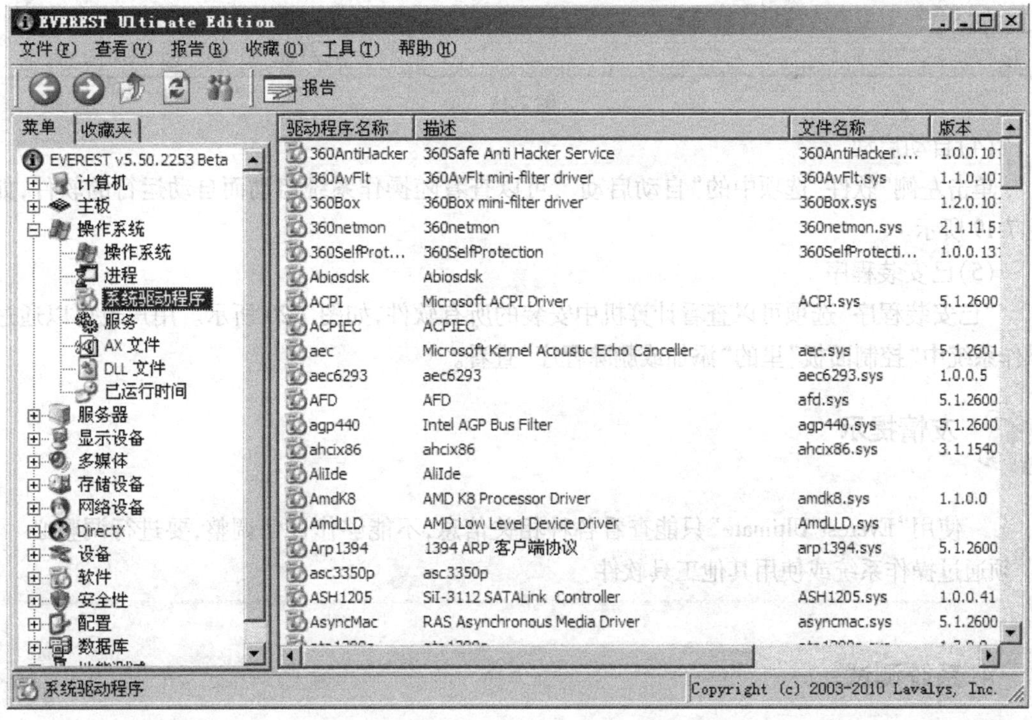

图 7-17

(3)服务

计算机的"服务"用于支持操作系统的各种功能,如图 7-18 所示。用户可以在操作系统里设置,手动开启或关闭。

图 7-18

(4)自动启动

单击左侧"软件"选项中的"自动启动",可以查看随操作系统启动而自动运行的软件,如图 7-19 所示。

(5)已安装程序

"已安装程序"选项可以查看计算机中安装的所有软件,如图 7-20 所示。用户也可以通过操作系统中"控制面板"里的"添加或删除程序"查看。

友情提示

使用"Everest Ultimate"只能查看各种相关信息,不能够作任何调整,要进行调整必须通过操作系统或使用其他工具软件。

4. 系统测试

(1)主机性能测试

①选择界面左侧的"性能测试",可以看到各种测试项目,主要是 CPU 和内存,如图 7-21 所示。

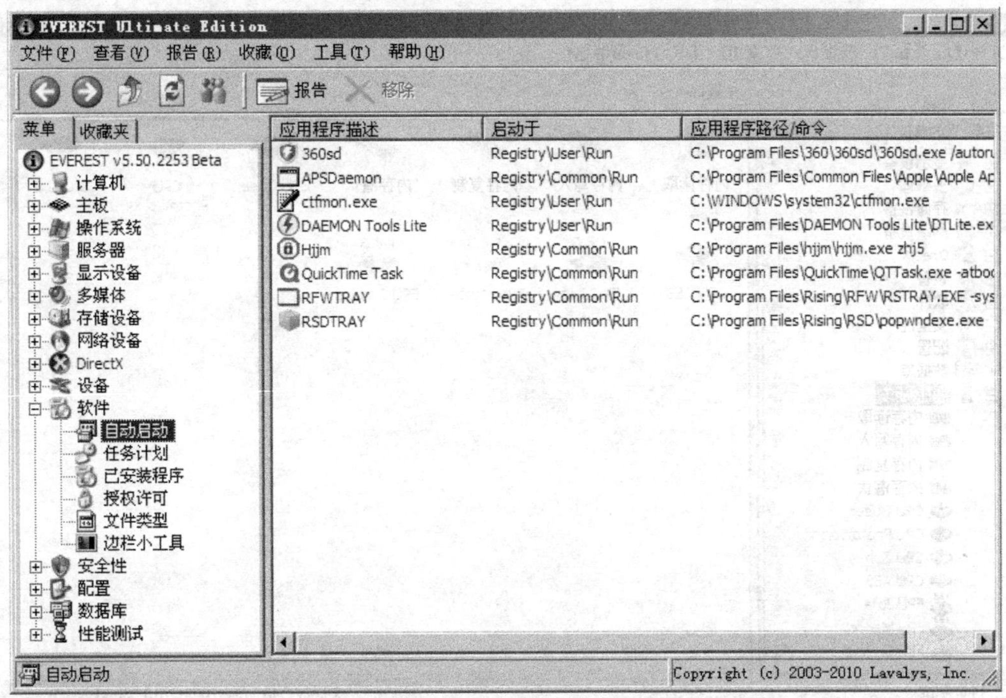

图 7-19

图 7-20

②选择要测试的项目，按“F5”键开始测试。软件显示测试结果时会与市面上的一些主流配置作比较，受硬件更新换代的影响，对比结果仅供用户参考，如图 7-22 所示。

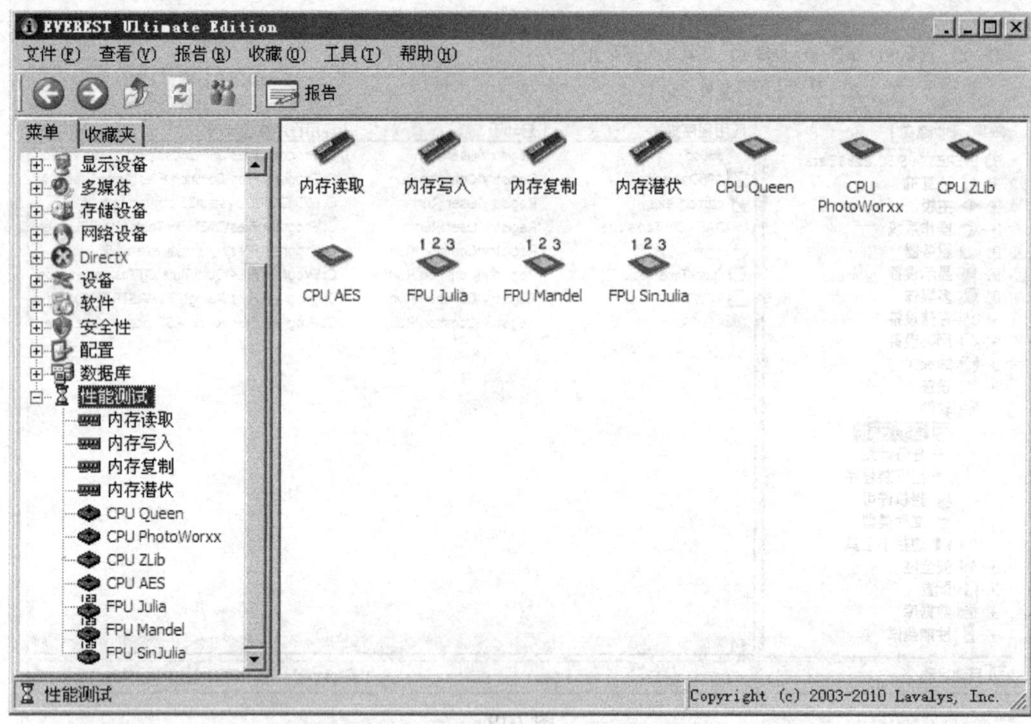

图 7-21

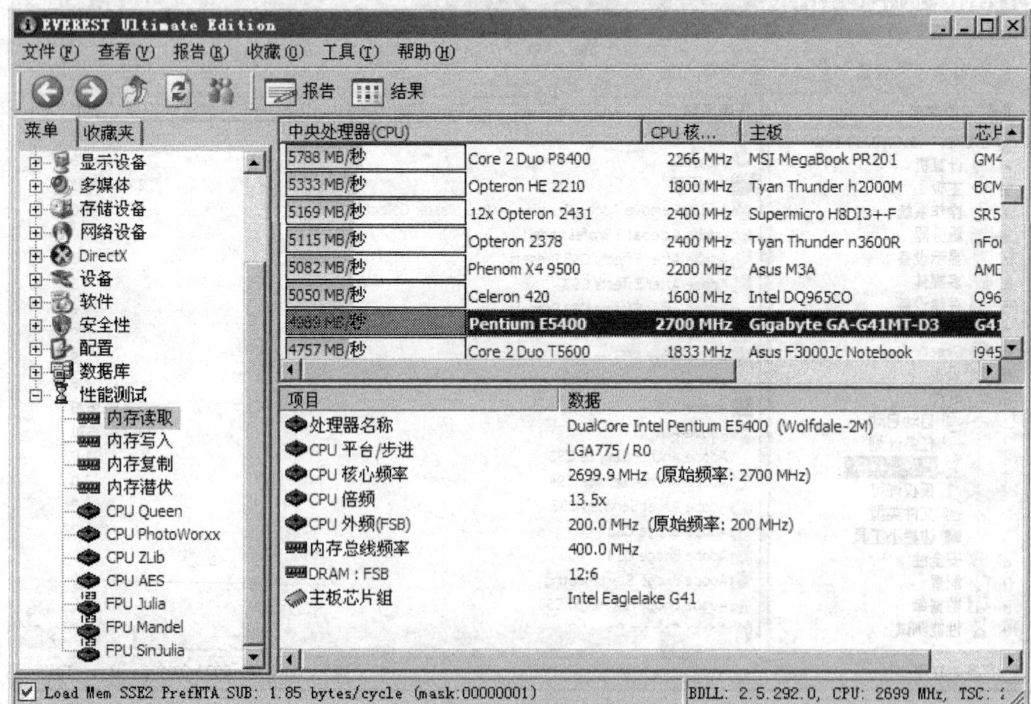

图 7-22

(2)硬盘性能测试

①在菜单栏中选择“工具”中的“磁盘测试”选项,如图 7-23 所示。

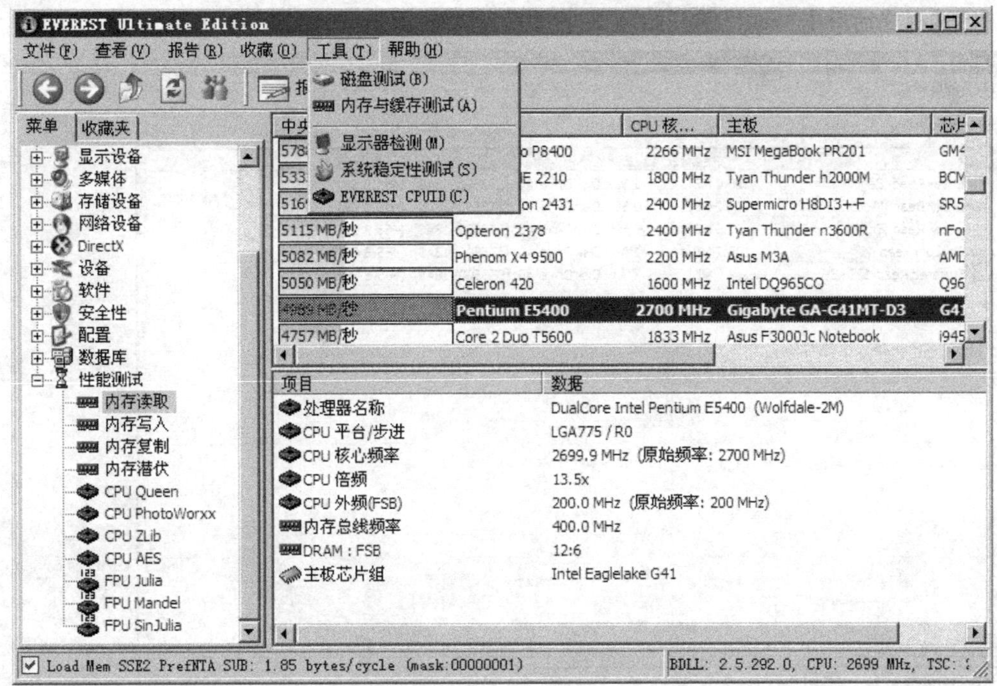

图 7-23

②在弹出的界面左下方选择需要测试的项目，如图 7-24 所示。其中 Read Test Suite 是读取测试，Linear Read 是线性读取，Random Read 是随机读取，Buffered Read 是缓冲读取，Average Read Access 是平均读取，Max Read Access 是最大读取访问。

图 7-24

③选择之后单击“Start”键开始测试，测试完毕后显示结果，如图7-25所示。

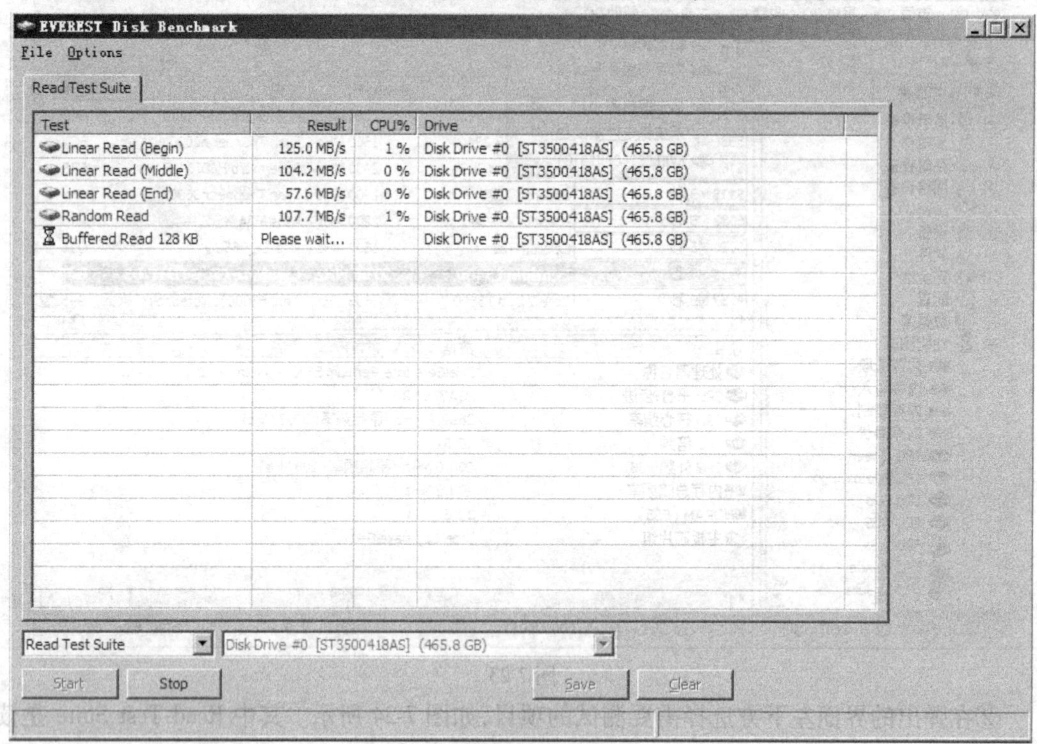

图7-25

练习与思考

(1)查看计算机硬件的相关参数，包括CPU、主板、内存、显卡。

(2)查看操作系统的基本信息。

(3)测试硬盘的读写速度。

任务二　系统清理与维护——360安全卫士

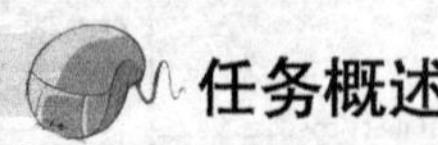

任务概述

系统维护是通过减少计算机执行的进程、优化文件位置、清理Windows的临时文件、清理注册表里的垃圾文件等操作，维护软件系统的正常运行，减少系统错误的产生，获得更好的使用效果。

操作系统自带很多命令和工具用于系统优化和清理，但是采用工具软件更为快捷。

360安全卫士是一款综合性软件，拥有查杀木马、清理插件、修复漏洞、计算机体检、清理垃

圾等多种常用功能，同时具备开机加速、垃圾清理等多种系统优化功能，可大大加快计算机运行速度。因其功能齐全，操作方便，现已成为市场占有率最大的安全优化维护软件。360 安全卫士的主界面如图 7-26 所示。

图 7-26

1. 计算机体检

360 安全卫士可以对计算机进行综合性检验，以发现安全问题和需要优化的项目。

选择主界面上方的"电脑体检"选项，单击"立即体检"按钮。检测完毕后，软件会列出"危险项目"与"优化项目"，用户可根据需要对检测出的问题进行处理，如图 7-27 所示。

【做一做】

测试使用的计算机，看看存在哪些安全隐患？

2. 查杀木马

360 安全卫士拥有木马查杀功能，使用方法和其他杀毒软件一样，如图 7-28 所示。

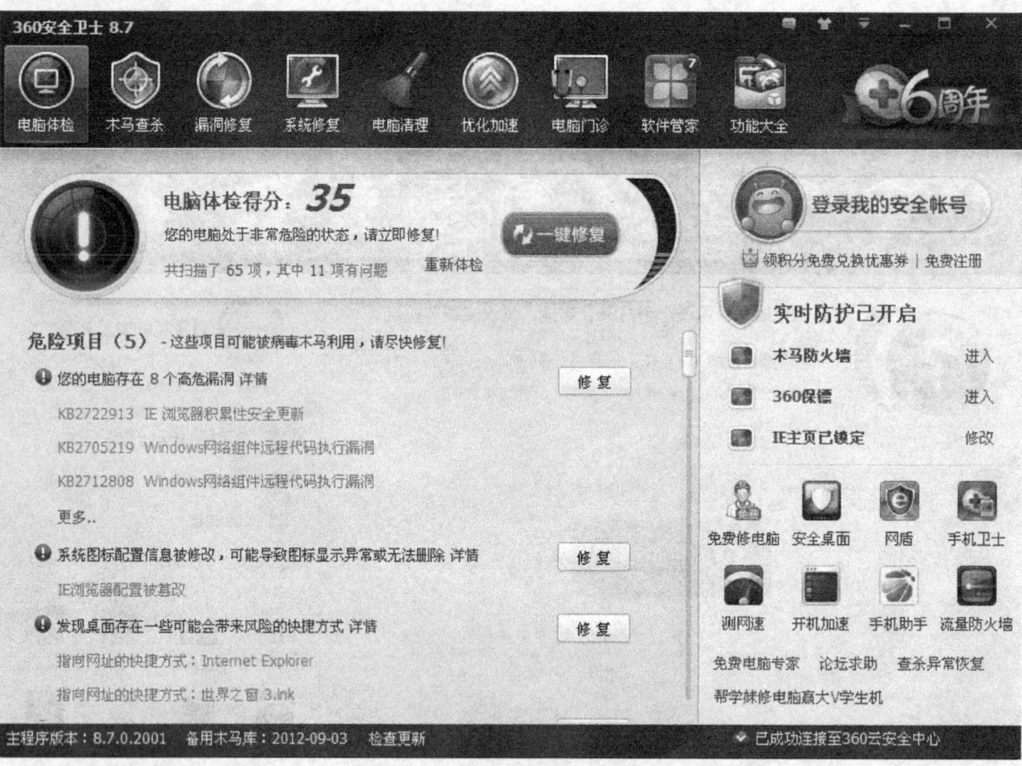
360安全卫士 8.7
电脑体检
木马查杀
漏洞修复
系统修复
电脑清理
优化加速
电脑门诊
软件管家
功能大全
电脑体检得分：35
您的电脑处于非常危险的状态，请立即修复!
共扫描了 65 项，其中 11 项有问题
重新体检
一键修复
登录我的安全帐号
领积分免费兑换优惠券 | 免费注册
实时防护已开启
木马防火墙 进入
360保镖 进入
IE主页已锁定 修改
危险项目（5） - 这些项目可能被病毒木马利用，请尽快修复!
您的电脑存在 8 个高危漏洞 详情
修 复
KB2722913 IE 浏览器积累性安全更新
KB2705219 Windows网络组件远程代码执行漏洞
KB2712808 Windows网络组件远程代码执行漏洞
更多..
系统图标配置信息被修改，可能导致图标显示异常或无法删除 详情
IE浏览器配置被篡改
发现桌面存在一些可能会带来风险的快捷方式 详情
指向网址的快捷方式：Internet Explorer
指向网址的快捷方式：世界之窗 3.lnk
免费修电脑
安全桌面
网盾
手机卫士
测网速
开机加速
手机助手
流量防火墙
免费电脑专家
论坛求助
查杀异常恢复
帮学妹修电脑赢大V学生机
主程序版本：8.7.0.2001 备用木马库：2012-09-03 检查更新
已成功连接至360云安全中心

图 7-27

360安全卫士 8.7
电脑体检
木马查杀
漏洞修复
系统修复
电脑清理
优化加速
电脑门诊
软件管家
功能大全
您已有 17 天未进行木马查杀了，建议您立即扫描系统。
最近查杀时间是 2012-8-17，建议您每周进行一次木马查杀。
恢复区(8) 信任区(0) 上报区(4) 设置
国际领先查杀引擎 全力护航上网安全
推荐
快速扫描
全盘扫描
自定义扫描
如果您使用常规扫描后感觉电脑仍然存在问题，请尝试 360强力查杀模式
安全工具箱
360系统急救箱
强力剿杀木马，修复濒危系统
软件安检
检测并修复常用软件
CAD病毒专杀
精准查杀CAD病毒
热点问题修复
图标有阴影 修复
快捷方式异常 修复
Word启动报错 修复
主程序版本：8.7.0.2001 备用木马库：2012-09-03 检查更新
已成功连接至360云安全中心

图 7-28

注意界面右边的“360 系统急救箱”功能。在系统需要紧急救援、普通杀毒软件查杀无效，或是计算机感染木马导致 360 无法安装和启动的情况下，“360 系统急救箱”能够强力清除木马和可疑程序，并修复被感染的系统文件，抑制木马再生，如图 7-29 所示。

“360 系统急救箱”可以在官方网站上单独下载。

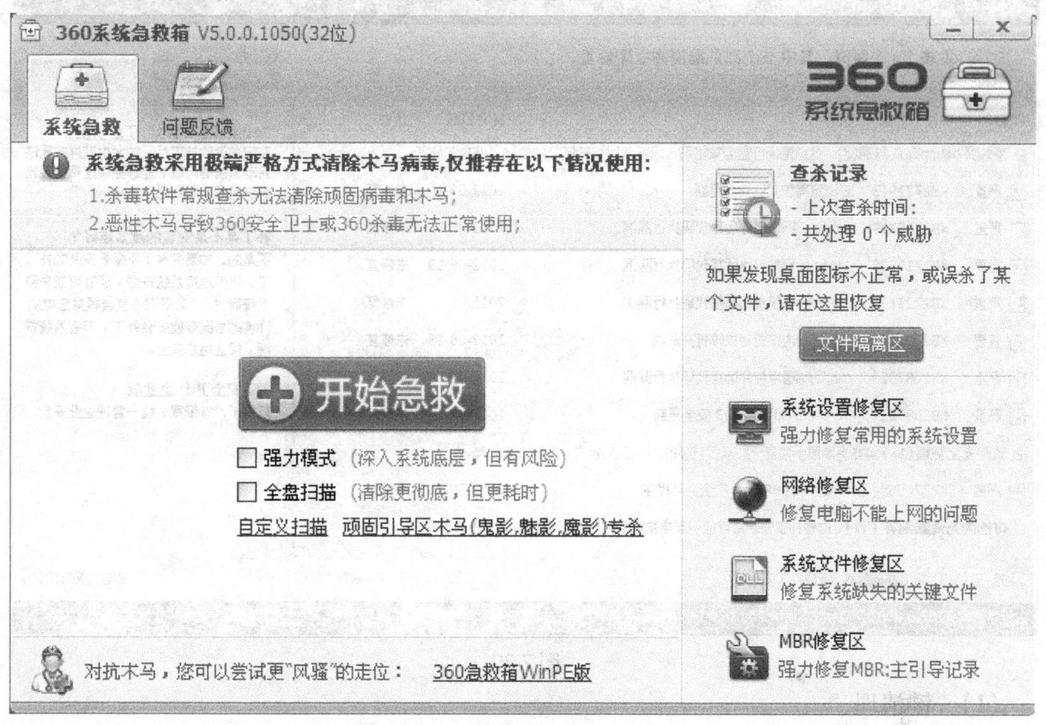

图 7-29

3. 漏洞修复

单击“修复漏洞”，软件会检测操作系统需要修复的漏洞，用户可根据漏洞危险等级和说明自行选择修复内容，如图 7-30 所示。

【知识窗】

系统漏洞是指操作系统软件在设计或编写时产生的缺陷或错误，这个缺陷或错误可以被不法者利用，通过植入木马、病毒等方式来攻击或控制用户的计算机，从而窃取用户的重要资料和信息，甚至破坏系统，造成计算机无法使用。

我们所使用的操作系统极为庞大，各种安全漏洞也特别多，用户可以在微软的官方网站上下载补丁，也可以通过 360 安全卫士的“修复漏洞”功能进行修复。

4. 计算机清理

Windows 操作系统在安装和使用过程中都会产生相当多的垃圾文件，包括临时文件、临时帮助文件、磁盘检查文件、临时备份文件等。垃圾文件会随计算机使用时间的增加而增加。这些垃圾文件不仅浪费宝贵的磁盘空间，严重时还会使系统运行变得缓慢无比。因此每过一段

时间,我们就需要对系统进行清理。

图 7-30

(1)一键清理

选择主界面上方的“电脑清理”选项,在“一键清理”选项卡中单击“一键清理”按钮,“360安全卫士”会对所有项目进行自动清理,如图 7-31 所示。

(2)清理垃圾

“清理垃圾”选项可以清除操作系统中的各种临时文件和废弃文件,用户根据需要选择要扫描清理的内容,如图 7-32 所示。

(3)清理插件

插件是一种遵循一定规范的应用程序接口编写出来的程序。插件类型多样,正规的插件可以帮助用户方便使用软件功能,恶意的插件则会妨碍使用。插件清理就是清除恶意或对用户无益的插件,提高计算机的运行速度。

选择“清理插件”选项卡,“360 安全卫士”会自动扫描操作系统中的各种插件,用户可以根据需要选择要清除的内容,如图 7-33 所示。

(4)清理痕迹

操作系统和很多应用软件都会忠实地记录用户使用计算机时所做的操作,包括打开的文档、观看过的视频、浏览过的网页等,如果想清除使用痕迹,保护自己的隐私,可以选择“清理痕迹”功能,如图 7-34 所示。

360安全卫士 8.7
电脑体检
木马查杀
漏洞修复
系统修复
电脑清理
优化加速
电脑门诊
软件管家
功能大全
6周年
一键清理
清理垃圾
清理插件
清理痕迹
清理注册表
查找大文件
全面清理电脑中的垃圾、痕迹和插件，现在只需一键！
一键帮您节省磁盘空间，清理电脑中的垃圾，让系统运行更加有效率！
一键清理
自动清理
立即开启
自动帮您在系统空闲时清理电脑中的垃圾和痕迹，让您的系统运行更加流畅！
请选择自动清理的频率：每天
空闲时清理垃圾
空闲时清理痕迹
空闲时清理注册表
电脑中的垃圾
清理系统中的垃圾文件，释放磁盘空间！
电脑中不必要的插件
清理系统和浏览器中可清理的插件，提升运行速度！
使用电脑和上网产生的痕迹
清理使用痕迹可以有效保证您的隐私安全！
注册表中的多余项目
优化注册表结构，提高系统性能！
主程序版本：8.7.0.2001　备用木马库：2012-09-04　检查更新
已成功连接至360云安全中心

图 7-31

360安全卫士 8.7
电脑体检
木马查杀
漏洞修复
系统修复
电脑清理
优化加速
电脑门诊
软件管家
功能大全
6周年
一键清理
清理垃圾
清理插件
清理痕迹
清理注册表
查找大文件
您已经有 1 天没有清理系统垃圾了
上次清理：2012-09-03，共帮您节省 135.2MB 磁盘空间
开始扫描
清理频率：高
您隔 1 天清理一次
恭喜，您已养成定期清理垃圾的好习惯，系统运行是否流畅与您的习惯是息息相关的，请继续保持！
从2012年8月15日至今
累计帮您节省磁盘空间： 5.81GB
进一步优化您的操作系统！
卸载不常用软件，节省空间
卸载软件清除残余，干净彻底
上网浏览产生的缓存文件
清理上网浏览时产生的缓存文件，可以加快上网速度。
22项
看视频听音乐产生的垃圾文件
清理后会导致网络播放器不能读取已下载的缓存文件，请慎重选择。
35项
应用程序垃圾文件
清理系统第三方软件产生的垃圾文件，节约磁盘空间。
71项
Windows系统垃圾文件
定期清理系统中垃圾文件，让系统运行更流畅。
13项
手机辅助类软件产生的缓存
清理手机助手类软件使用后的垃圾文件。
35项
全选　全不选　推荐选择
设置
主程序版本：8.7.0.2001　备用木马库：2012-09-04　检查更新
已成功连接至360云安全中心

图 7-32

360安全卫士 8.7
电脑体检
木马查杀
漏洞修复
系统修复
电脑清理
优化加速
电脑门诊
软件管家
功能大全
6周年
一键清理
清理垃圾
清理插件
清理痕迹
清理注册表
查找大文件
共检测到 26 款插件，未发现建议清理的插件。
暂不清理
立即清理
插件名称
出品公司
网友评分
操作
按需清理的插件（13） 这些插件清理后不会影响系统正常功能，您可根据每个插件的情况酌情选择是否清理。
AdobePDF相关插件
一款主要用于在线PDF文档访问的工具组件；修复后对于某些在线PDF文档将会无法打开或出现异常。
Adobe
7.8 投票
信任
Adobe Reader附带的BHO插件
查看和打印 Adobe 便携文档格式 (PDF) 文件的重要组件。
Adobe
7.4 投票
信任
Adobe相关组件
Adobe出品软件中的相关组件，Acrobat等安装后会出现此组件。
www.adobe.com
7.3 投票
信任
宏杰加密辅助模块
一款对文件夹进行加密的软件。
宏杰软件开发有限公司
9.1 投票
信任
主程序版本：8.7.0.2001 备用木马库：2012-09-04 检查更新
已成功连接至360云安全中心

图 7-33

360安全卫士 8.7
电脑体检
木马查杀
漏洞修复
系统修复
电脑清理
优化加速
电脑门诊
软件管家
功能大全
6周年
一键清理
清理垃圾
清理插件
清理痕迹
清理注册表
查找大文件
清理使用痕迹，保障隐私安全
清理浏览网页，打开文档，观看视频等留下的使用痕迹。
高级设置
开始扫描
清理频率：低
您隔 19 天清理一次
上次：2012-8-15 本次：2012-9-4
糟糕，良好的痕迹清理频率为每天至少清理一次，您已经超过一星期没有清理了，请养成及时清理痕迹的好习惯。
上网浏览痕迹
上网时留下的浏览痕迹，支持各种主流浏览器。
重要隐私
Windows使用痕迹
Windows的运行痕迹，打开文档痕迹等。
重要隐私
进一步清理痕迹，优化系统!
办公软件使用痕迹
常用办公软件的使用痕迹。
重要隐私
已删除文件恢复
误删除文件?文件恢复帮助你快速找回误删除的文件
最近看过的视频
使用各种主流播放器观看视频后留下的痕迹。
重要隐私
其他应用程序使用痕迹
其他常见应用程序使用痕迹，历史记录等。
一般隐私
主程序版本：8.7.0.2001 备用木马库：2012-09-04 检查更新
已成功连接至360云安全中心

图 7-34

(5)清理注册表

注册表是 Windows 中一个重要的数据库,用于存储系统和应用程序的设置信息,清除无效的注册表可以提高系统的运行效率。选择“清理注册表”单击“开始扫描”按钮,清理注册表如图 7-35 所示。

图 7-35

5. 优化加速

某些软件和系统服务,如果用户没有作相应的设置,会随着开机自动运行,占用系统资源,造成开机速度变慢,系统运行效率降低。

(1)一键优化

在“优化加速”选项中可以简单方便地进行开机速度优化。读者可以选择“一键优化”选项卡,单击“立即优化”按钮,让程序自动完成优化加速,如图 7-36 所示。

(2)启动项

如果用户要自己选择,可以单击“启动项”选项卡,“360 安全卫士”会列出系统启动时所有启动项,需要关闭某个项目,单击该项目右侧的“禁止启动”按钮即可,如图 7-37 所示。

友情提示

某些杀毒软件和防火墙出于自身保护的目的,会禁止其他软件关闭其随机启动,如果使用“360 安全卫士”强行关闭就会产生冲突。

360安全卫士 8.7
电脑体检
木马查杀
漏洞修复
系统修复
电脑清理
优化加速
电脑门诊
软件管家
功能大全
6周年
一键优化
我的开机时间
启动项
优化记录与恢复
共发现 10 个可优化项目 重新扫描
一键优化智能分析您的系统，帮您优化开机启动项目，目前完美支持 5636 款软件的启动优化。
立即优化
可以禁止启动的项目
禁止或延迟启动一些不必在开机时运行的软件，提升开机速度
5个
收起
QuickTime Task 可以禁止 忽略
Hjjm 可以禁止 忽略
DAEMON Tools Lite 可以禁止 忽略
FlashPlayer更新任务 可以禁止 用时 0.1 秒 74%用户已优化 忽略
用于自动获取更新信息，不需要自动启动。
苹果公司软件升级任务 可以禁止 91%用户已优化 忽略
用于苹果系列软件自动获取更新信息，不需要自动启动。
全选 全不选
已忽略的优化项
一键恢复
360开机小助手设置
主程序版本：8.7.0.2001 备用木马库：2012-09-04 检查更新
已成功连接至360云安全中心

图 7-36

360安全卫士 8.7
电脑体检
木马查杀
漏洞修复
系统修复
电脑清理
优化加速
电脑门诊
软件管家
功能大全
6周年
一键优化
我的开机时间
启动项
优化记录与恢复
启动项(7)
计划任务(2)
自启动插件(2)
应用软件服务(4)
系统关键服务(27)
隐藏已禁止启动的项目
软件名称 禁止率 建议 当前状态 设置启动方式
QuickTime Task 暂无简介 – 建议禁止 已开启 禁止启动
Hjjm 暂无简介 – 建议禁止 已开启 禁止启动
DAEMON Tools Lite 暂无简介 – 建议禁止 已开启 禁止启动
RSDTRAY 暂无简介 – 维持现状 已开启 禁止启动
RFWTRAY 暂无简介 – 维持现状 已开启 禁止启动
APSDaemon 暂无简介 – 维持现状 已开启 禁止启动
360sd – 维持现状 已开启 禁止启动
主程序版本：8.7.0.2001 备用木马库：2012-09-04 正在升级备用木马库 81% 查看详情
已成功连接至360云安全中心

图 7-37

练习与思考

(1)使用“360 安全卫士”查看系统漏洞数量和类型。

(2)使用“360 安全卫士”进行系统清理,包括清理垃圾文件、消除使用痕迹和废弃注册表。

(3)对计算机进行开机速度优化。

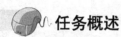

任务三　软件管理——软件管家

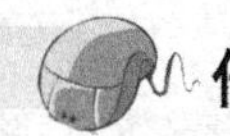

任务概述

360 软件管家是 360 安全卫士提供的一个集软件下载、更新、卸载、优化于一体的工具,为用户提供对应用软件的管理服务。

1. 软件宝库

“软件宝库”中提供了数万种经 360 软件工作人员审核后公布的软件,这些软件更新时 360 软件能在第一时间内更新最新版本。

(1)装机必备

“装机必备”选项提供了用户在安装操作系统后,正常使用需要安装的应用软件。单击“一键安装”按钮进行安装,如图 7-38 所示。

(2)手动安装

用户可在“软件宝库”搜索自己需要的软件进行安装,如图 7-39 所示。利用左侧的分类项目可以更为方便地查找。

2. 软件升级

“软件升级”选项中会显示计算机中所有可以升级的软件,并提供升级版本的信息,供用户选择,包括“免费正式版”“测试版”。“收费版”中的软件一般不建议通过软件管家来进行升级,如图 7-40 所示。

单击相应软件右侧的“升级”按钮进行升级。

3. 软件卸载

“软件卸载”选项可以让用户方便、快捷、彻底地删除系统中不需要的软件,如图 7-41 所示。用户也可以通过操作系统“控制面板”的“添加或删除程序”完成软件卸载。

软件宝库
应用宝库
游戏大全
软件升级
软件卸载
开机加速
手机必备
360 软件管家
热门精选
我的软件
今日热门
装机必备
软件宝库
最近更新 (50)
全部软件 (12740)
视频软件 (663)
聊天工具 (181)
浏览器 (66)
游戏娱乐 (1432)
音乐软件 (474)
安全杀毒 (82)
系统工具 (1793)
办公软件 (535)
下载工具 (105)
手机数码 (175)
输入法 (78)
软件宝库 > 装机必备
搜索超过10万款软件
搜索
装机必备
影音必备
游戏必备
上网必备
系统必备
聊天娱乐
办公必备
装机必备软件共 49 款，其中 9 款已安装。 显示已安装软件
一键装机
安全
更多>>
360游戏保险箱 5.0
360保险箱极速安全启动，让游戏既流畅又安全
9.51M
8.4分 我要投票
找同类
一键安装
360安全桌面 2.3
畅享海量应用，一键整理桌面，办公娱乐都搞定
23.96M
7.3分 我要投票
360安全卫士桌面版
三大核心功能（电脑健康指数、安全面板、SOS...
578K
7.8分 我要投票
下载
360压缩 v2.6正式版
新一代压缩！快速轻巧，可扫描木马，永久免费！
4.12M
7.9分 我要投票
上网浏览
360安全浏览器 5.0正式版
最小资源占用、最快浏览速度、安全上网不中招
15.10M
8.3分 我要投票
360极速浏览器 5.5
无缝双核，享受极速浏览体验
27.40M
7.8分 我要投票
聊天
飞信2012·日映
免费短信 随时发送，无缝沟通新体验
33.24M
6.9分 我要投票
软件管家目前版本: 4.0.0.1230
设置
已下载软件共 1 款

图 7-38

图 7-39

软件宝库
应用宝库
游戏大全
软件升级
软件卸载
开机加速
手机必备
360
软件管家
目前可升级软件共 7 款
定期将软件升级至最新版本，获取更多功能，杜绝软件漏洞!
不再提醒升级(2款)
刷新
7 款软件可升级至免费正式版
搜狗拼音输入法
2012-08-21 新版功能
当前版本: 6.2.0.7476
可升级至: 6.2.0.7817
0.3%
32K/s
Flash Player for IE
2012-08-21 新版功能
当前版本: 11.3.300.271
可升级至: 11.4.402.265
9.13M
升级
不再提醒
Adobe AIR
2012-08-21 新版功能
当前版本: 3.3.0.3670
可升级至: 3.4.0.2540
14.71M
升级
不再提醒
千千静听
2012-08-27 新版功能
当前版本: 5.9.4.0
可升级至: 5.9.5.0
6.41M
一键升级
不再提醒
暴风影音
2012-08-31 新版功能
当前版本: 5.14.704.2111
可升级至: 5.16.0830.1111
31.85M
一键升级
不再提醒
Daemon Tools
2012-08-29 新版功能
当前版本: 4.45.4.315
可升级至: 4.45.4.316
13.63M
升级
不再提醒
腾讯QQ
2012-08-30 新版功能
当前版本: 1.83.3428.0
可升级至: 1.87.4921.0
53.30M
一键升级
不再提醒
全选 / 全不选
升级全部已选软件
软件管家目前版本: 4.0.0.1230
设置
1 款软件正在下载: 0.3% 速度: 32K/s

图 7-40

软件宝库
应用宝库
游戏大全
软件升级
软件卸载
开机加速
手机必备
360
软件管家
已安装应用
全部应用 (0)
已安装软件
全部 (61)
压缩刻录 (3)
安全杀毒 (4)
图形图像 (3)
网络应用 (3)
手机数码 (2)
视频软件 (12)
音乐软件 (4)
系统工具 (8)
插件 (1)
办公软件 (2)
编程开发 (4)
驱动 (2)
浏览器 (2)
软件卸载
输入想卸载的软件名称或拼音
搜索
已装软件 61 款，系统盘(C盘)可用空间：30.5GB
刷新
软件名称
安装日期
使用频率
软件评分
操作
Microsoft Office Professional Edition 2003
微软公司开发的办公自动化软件。使用Office可以帮助用...
2012-07-30
较少使用
卸载
Microsoft Office Word 2003 稿纸加载项
微软出品的文字处理程序。作为全球通用率最高的的字...
2009-08-09
较少使用
卸载
Microsoft Silverlight
基于.NET的媒体体验和丰富的交互式应用程序。只要安...
2012-07-30
较少使用
卸载
Microsoft Visual C++ 2005 Redistributable
微软公司推出的VC编程开发软件。全称Microsoft Visual ...
2009-08-01
较少使用
卸载
Microsoft Visual C++ 2008 Redistributable - x8...
微软公司推出的VC编程开发软件。全称Microsoft Visual ...
2012-07-27
较少使用
卸载
Microsoft Visual C++ 2008 Redistributable - x8...
微软公司推出的VC编程开发软件。全称Microsoft Visual ...
2009-06-03
较少使用
卸载
Add or Remove Adobe Creative Suite 3 Master ...
Adobe图形图像处理软件合辑。此合辑为Adobe CS3大...
2012-05-09
较少使用
卸载
Adobe AIR
针对网络与桌面应用结合所开发的应用平台。可以不必...
2012-07-30
较少使用
卸载
Adobe After Effects CS4
软件管家目前版本: 4.0.0.1230
设置
2 款软件正在下载: 4.4% 速度: 97K/s

图 7-41

4. 开机加速

“开机加速”有3个选项,其中的“开机加速”就是360安全卫士中的“优化加速”,如图7-42所示。

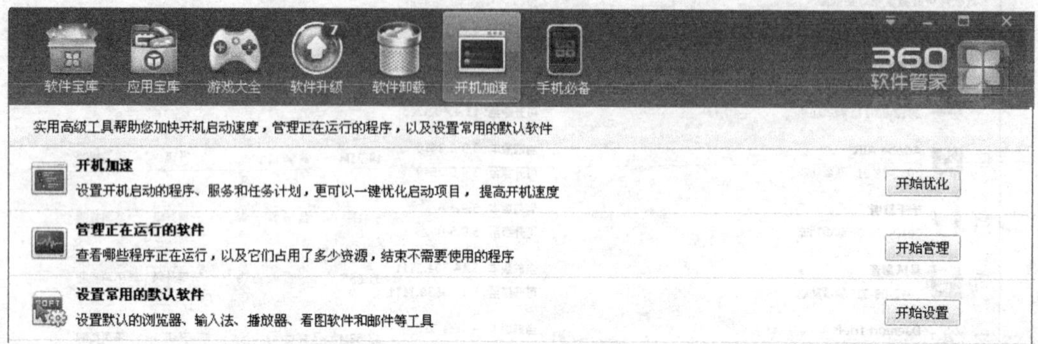

图7-42

“管理正在运行的软件”类似于操作系统的“任务管理器”,如图7-43所示。

360任务管理器 3% 28% –℃

运行中的程序 | 系统服务 | 系统性能状态

有1个程序占用资源较大，影响电脑速度，请根据需要选择关闭，为电脑提速。 显示进程加载的模块

程序名称	是否占资源	CPU	内存	网速	磁盘读写	云检测	管理
LiveUpdate360.exe 360升级管理器程序…	占用网速多	0%	14.7MB	67.6KB/S	4次/秒	安全	关闭
SoftManager.exe 360软件管家的主程…	正常	0%	53.1MB	0KB/S	0次/秒	安全	关闭
explorer.exe Windows资源管理器…	正常	0%	49.6MB	0KB/S	0次/秒	安全	关闭
hjjm.exe 宏杰加密软件的主程…	正常	0%	30.6MB	0KB/S	0次/秒	安全	关闭
rstray.exe 瑞星系列软件的系统…	正常	0%	27.8MB	0KB/S	0次/秒	安全	关闭
360taskmgr.exe 360任务管理器	正常	2%	19.2MB	0KB/S	0次/秒	安全	关闭
SuperCap.exe SuperCapture 3.43	正常	0%	13MB	–	0次/秒	安全	关闭
360tray.exe 360安全卫士的实时…	正常	0%	9.3MB	0KB/S	0次/秒	安全	关闭
ZhuDongFangYu.exe 360安全卫士主动防…	正常	0%	9.3MB	–	0次/秒	安全	关闭

运行中的程序(21) | 系统程序(11) | 所有程序

图7-43

“设置常用的默认软件”可以让用户设置默认的播放音视频软件、浏览器等，如图 7-44 所示。

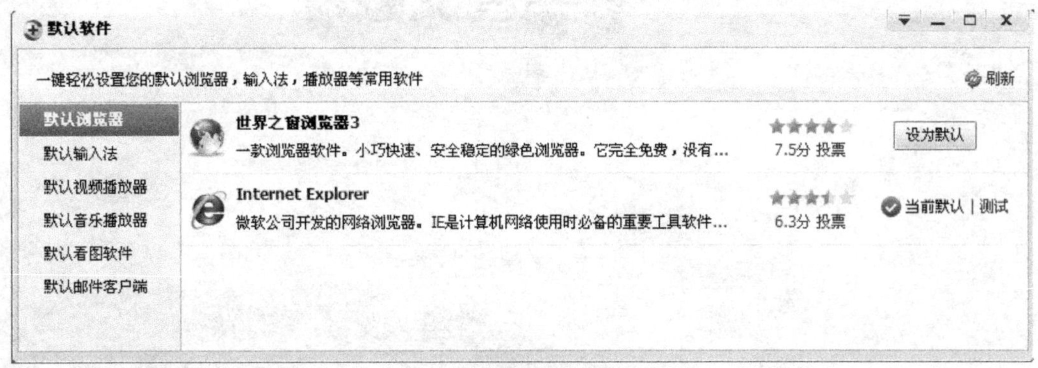

图 7-44

练习与思考

(1)使用软件管家安装“360 急速浏览器”，并进行升级和删除。

(2)通过“360 软件管家”安装“极点五笔输入法”，并设置为默认输入法。

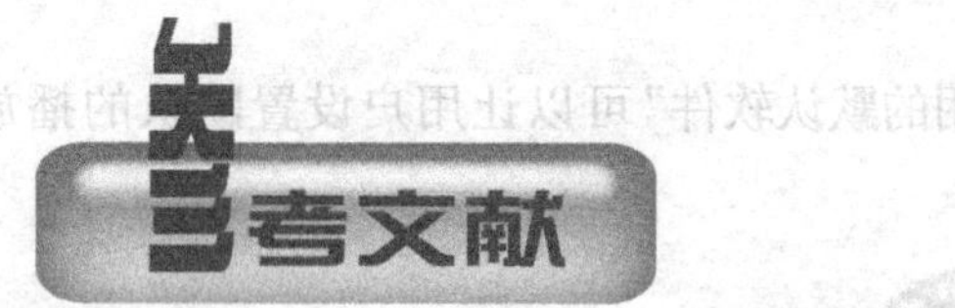

[1] 郑平均,袁云华. 常用工具软件[M]. 北京:人民邮电出版社,2008.

[2] 刘瑞新. 电脑常用工具软件短训教程[M]. 北京:机械工业出版社,2005.

[3] 黄德志,陈嘉鑫. 常用计算机工具软件使用教程[M]. 北京:冶金工业出版社,2004.